数据科学与大数据管理丛书

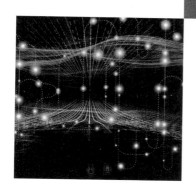

Python Basics and Applications

Python
基础与应用

林志杰　陈宇乐 ◎ 编著

U0191357

机械工业出版社
China Machine Press

图书在版编目（CIP）数据

Python 基础与应用 / 林志杰，陈宇乐编著 . -- 北京：机械工业出版社，2022.3
（数据科学与大数据管理丛书）
ISBN 978-7-111-70454-6

I. ① P… II. ①林… ②陈… III. ①软件工具 - 程序设计 IV. ① TP311.56

中国版本图书馆 CIP 数据核字（2022）第 050686 号

本书的内容主要分为两部分：第一部分讲述 Python 的语法及基本应用；第二部分结合经济管理类专业的几个主要方向进行应用实例的介绍。本书能够帮助读者由浅入深地学习 Python 语法，掌握 Python 的基本应用，也能够帮助经济管理类专业的读者应用 Python 处理相关领域内的问题。

本书所面向的读者主要为经济管理类专业的本科生及低年级的研究生。当然，书中不少涉及 Python 语法及部分实际应用的章节内容并无专业领域之分。因此，本书自然也适合其他专业领域的学生进行 Python 的入门学习。此外，书中有由浅入深的理论讲解和具体的应用实例，也适合其他有需要的人士自学用。

出版发行：机械工业出版社（北京市西城区百万庄大街 22 号　邮政编码：100037）

责任编辑：张有利　　　　　　　　　　　　　　责任校对：殷　虹

印　　刷：北京诚信伟业印刷有限公司　　　　　版　　次：2022 年 5 月第 1 版第 1 次印刷

开　　本：185mm×260mm　1/16　　　　　　　印　　张：16

书　　号：ISBN 978-7-111-70454-6　　　　　　定　　价：55.00 元

客服电话：（010）88361066　88379833　68326294　　　投稿热线：（010）88379007
华章网站：www.hzbook.com　　　　　　　　　　　　读者信箱：hzjg@hzbook.com

在人类所创造的众多编程语言中，Python 这门语言在得到计算机或软件等专业编程人员采用的同时，也得到了学术界、企业界等人士的青睐。Python 之所以如此受欢迎，主要有两个方面的原因。第一，它的语法极其简单直观。相比于 Java、C++ 等其他语法十分严谨的编程语言来说，Python 不再特别"拘泥"于语法（它把语法规则尽量精简），而是把代码编写中非核心的部分尽量略去，只留下核心的部分让编程人员来编写。因此，利用 Python 编程往往非常简易高效。第二，它具有丰富强大的程序库。在当前的数字时代，绝大多数决策离不开数据的获取、处理及分析。Python 的程序库能够帮助使用者非常容易地进行数据爬取、文本处理、科学计算、机器学习等。大多数顶尖高深的技术在 Python 的环境中，都显得"平易近人"。因此，基于上述两个特点，与其说 Python 是一门编程语言，倒不如说它是一个小巧灵活但功能强大且适用面极广的工具。这使得 Python 得到众人的喜爱和广泛的使用。

本书作者林志杰在清华大学经济管理学院、深圳国际研究生院讲授程序设计及金融数据分析等课程。编程语言很大程度上被视为一个工具用来进行用户、企业、市场等层面的分析。对此，简洁高效的 Python 自然成了理想的选择，学生对 Python 的学习也有较大的需求。但是作者在为课程选择 Python 参考书时，往往比较苦恼。当前许多优秀的 Python 参考书要么完全专注于语法，要么完全专注于应用，而且应用的实例并不是特别切合经济管理类专业学生的需要。作者在教学过程中，深感教材的重要性。一本精心设计的教材应该不仅能够传递知识，还能够培养学生运用所学进行实战的能力。对于经济管理类专业的学生而言，他们毕业后基本不会从事程序开发等专业性工作。这促使作者从经济管理类专业学生的角度出发，进行本书的设计与撰写。

本书的内容主要分为两部分：第一部分讲述 Python 的语法及基本应用（本书所采用的语言版本为 Python 3）。它包括 Python 的安装及编程环境的介绍、Python 语法基础（如数据类型、变量、运算符、控制流和函数等）、Python 语言进阶（如字符串、正则表达式、数据结构、面向对象等），还包括如何利用 Python 进行文件及数据库的处理、网络爬虫的设计、数据的可视化及分析等。第二部分结合经济管理类专业的几个主要方向进行应用实例的介绍。它用丰富的实例阐述了如何在信息管理与信息系统、市场营销、会计、经济、金融等领域中应用 Python 进行相关数据的爬取、处理及分析。因此，本书内容的设计能够帮助读者由浅入深地学习 Python 语法，掌握 Python 的基本应用，也能够帮助经济管理类专业的读者应用 Python 处理相关领域的问题。

本书所面向的读者主要为经济管理类专业的本科生及低年级的研究生。当然，书中不少涉及 Python 语法及部分实际应用的章节内容并无专业领域之分。因此，本书自然也适合其他专业领域的学生进行 Python 的入门学习。此外，书中有由浅入深的理论讲解和具体的应用实例，也适合其他有需要的人士自学用。

本书章节结构虽然经过精心挑选、多次调整，但篇幅有限，无法涵盖过多的内容，因此可能无法满足读者的部分需求。内容虽然经过多次修改和校对，但由于作者水平有限，加上时间仓促，疏漏及错误之处在所难免。对此，我们热切期望得到各位读者的批评指正。

本书所涉及的所有 Python 源代码、习题数据等相关文件资料，请读者从该网址下载：https://cloud.tsinghua.edu.cn/d/db5ca34c20a44b159cd8/。

林志杰

清华大学经济管理学院

Python 概述

■ 导引

在学习 Python 语言之前，请读者先对"编程语言"这个概念产生一个整体的认知。编程语言是什么？人类为什么要创造那么多的编程语言？Python 相对于其他编程语言的特别之处在哪里？这都是本章将回答的问题。

在对 Python 有了模糊的认识之后，我们就可以开始动手实践，实践的第一步是在计算机中搭建用于 Python 开发的编程环境。Python 开发环境并不是唯一的，我们将介绍一种简单的，适合读者后续学习、使用的 Python 安装方法，并将在刚刚搭建的 Python 开发环境中运行第一个 Python 程序，也就是经典的 Helloworld 程序。

■ 学习目标

- 了解编程语言的概念和 Python 语言的特性；
- 搭建 Python 开发环境，安装 Anaconda，学会用 Jupyter Notebook 编写 Python 程序的基本操作。

编程语言（programming language）是由一系列指令组成的、用于让计算机执行特定算法的形式语言。我们日常生活中使用的自然语言的语义具有高度的模糊性和随机性；与自然语言不同，编程语言的语义不能是模糊的，语法规则必须是完全规范的。

到目前为止，人类已经创造了上千种编程语言，并且还在继续创造更多的编程语言。不同的编程语言有着不同的指令集和语法规则。当一个语言能够使计算机执行计算机所能够执行的任意一种任务时，这个语言就被称为"图灵完备"的语言。理论上说，任何一种图灵完备的语言都有能力实现全部的算法，而实际上，所有主流的通用编程语言都是图灵完备的。也就是说，任何一种主流的通用编程语言，不论是 C、Java 还是 Python，都有能力实现所有的算法。

既然不同的编程语言有可能实现的功能是相同的，那么人类为什么还要创造出这么多的编程语言呢？一个编程语言往往是由一个或少数几个天才程序员设计创造的，在日后的发展过程中，可能有无数的程序员会参与到该语言的开发和维护中，这个语言会变得越来越完善、通用。但是，语言的一些特性是在诞生之初就已经决定的。最开始设计者的想法以及思维是有局限的。因此，无论后继的程序员如何倾力地对这个语言进行再创造，他们也只能沿着原来的路径进行——科技的发展往往是有路径依赖的。一些语言的创造者在创造新语言时，可能的确进行了全面的考量、精妙的设计，于是创造出了各方面都很优秀的语言，比如 Google 公司推出的 Go 语言。然而，由于历史的惯性，大多数人还是不会主动放弃旧语言而追求新语言，更何况新语言也并非绝对完美。

所以，每一种编程语言都有一定的独特性。从一些角度来看，语言的独特性是优势；从其他一些角度来看，这些独特之处就会是劣势。C 语言主要用于操作系统、编译器等底层的应用开发；Java 在 Android/iOS 应用开发、Web 应用开发等领域得到广泛的应用；Python 在机器学习、数据分析等领域具有优势；JavaScript 在 Web 应用开发中占据了不可撼动的地位。每个语言都会有自己擅长的领域，每个程序员都可能有自己偏爱的语言，如果一个语言不被使用者诟病，那它一定是几乎无人使用的语言。

按照编程语言层次的不同，可以粗浅地将之分类为低级语言与高级语言。低级语言是面向机器的语言，又可以进一步分为机器语言和汇编语言。**机器语言**（machine language）是一种由 0 和 1 组成的编程语言，比如纸带打孔编程，对应计算机硬件的"断开"和"闭合"两种物理状态，因此可以直接被计算机识别运行，并且速度很快。但是机器语言对编程人员极其不友好，开发极其不便，效率非常低下。为了解决机器语言的可读性差、开发难等问题，**汇编语言**（assembly language）诞生了，它又被称为**符号语言**（symbolic language）。它使用一些可理解的英文符号代替机器指令，比如 MOV 表示数据传送，ADD 表示加法，等等，然后通过设备上的汇编过程转化为机器指令运行。为了进一步提高代码可读性、降低开发难度，高级语言又应运而生。相比于低级语言，高级语言（如 C、Java、Python 等）源代码可读性较高、容易编写，但只有经过"翻译"成为机器能够识别的语言才能运行。如今，高级语言在程序开发中得到了非常广泛的应用。

下面，我们把注意力聚焦到本书的主角——Python。

1.1 Python 简介

Python 是由吉多·范罗苏姆（Guido van Rossum）创造并于 1991 年发布的高级编程

语言。Python 3.7 于 2018 年发布，而 Python 2.7 版本已经于 2020 年 1 月 1 日正式停止维护；这意味着第二代 Python 已经完全退休。不过，第二代 Python 的代码仍然在各种工具中被广泛使用，而第三代 Python 和上一代 Python 并不是百分之百兼容的。Python 的设计哲学特别强调代码的易读性，这也让 Python 成了众多主流通用编程语言中最容易上手、对新人最友好的一门语言。

想必读者已经注意到，Python 在最近几年已经成为各行各业中热度最高的语言。机器学习、大数据的风靡带动了擅长这些领域的 Python 语言的热度。而 Python 相比于其他主流语言对新人更友好，这正好吸引了非程序员群体中有需要的人群。

Python 有以下这些重要特性：

- 友好

  Python 的设计理念是"美丽优于丑陋（beautiful is better than ugly），直率优于晦涩（explicit is better than implicit），简洁优于复杂（simple is better than complex）"。对编程初学者来说，相比于学习复杂的语法，领会编程的思想、享受编程的乐趣更加重要。因此，优美简练的主流语言 Python 一定是最适合入门的。

  以下三段代码依次是用 C、Java 和 Python 编写的 Helloworld 程序，它们的作用都是打印出一串 Hello world! 字符串，读者不妨比较一下三者中哪个更为直率、简洁：

```c
#include<stdio.h>

int main() {
    printf("Hello world!\n");
    return 0;
}
```

```java
public class Hello {
    public static void main(String[] args) {
        System.out.println("Hello world!");
    }
}
```

```python
print("Hello world!")
```

- 开源

  开源指的是源代码可以被任何人查看、复制、学习和修改。不同的开源协议对开源的程度有不同的具体规定，在 Python 标准库和 Python 生态中，第三库的海量代码大多是开源的，每一位热情、无私的程序员都可以为开源软件的进步贡献自己的力量。得益于所有贡献者的努力，Python 才到达今日的地位。

- 多范式

  编程范式是指编程时的指导思想和设计思路，主流的编程范式有面向对象编程、面向过程编程、函数式编程、泛型编程等。与 Java、C# 等针对单一范式的编程语言不同，Python 对各种范式都有充足的支持。

● 解释性

高级语言分为编译型语言和解释型语言两大类。计算机处理器只能理解最底层的机器语言，即由 0 和 1 组成的比特流，而无法直接理解 C、Python 之类的高级编程语言。因此，要让计算机处理器运行一个高级语言编写的程序，就先要把高级语言翻译为机器语言，这个翻译的过程又分为编译和解释两类。

编译型语言编写的程序，要事先通过编译将整个程序翻译为机器语言程序，而解释型语言编写的程序不用事先编译，程序开始运行后，每当一个语句到了要执行的时候，解释器才会将其解释为机器语言。一般来说，编译型语言的运行效率高于解释型语言。Python 属于典型的解释型语言。

● 跨平台

解释型语言的一个优势是有更高的跨平台兼容性。在每个特定的平台上，只要有相匹配的特定解释器，就能够把解释型语言的代码解释为能够在该平台运行的机器代码。Python 支持 Windows、Linux、Mac OS 等各种不同的平台。

既然 Python 有如此多美好的特性，那 Python 是不是可以取代其他语言呢？答案当然是不能。没有一种语言是完美的，Python 也有一些劣势：

● 相对缓慢的运行速度

与 C、C++ 这样的编译型语言相比，解释型语言在运行速度上有着天然的劣势。编译型语言编写的程序经过编译之后，计算机可以高效地执行机器语言的代码。但是解释型语言的每一次运行，都需要重新针对每一条语句进行解释，从而消耗大量的时间，故执行效率往往落后于编译型语言。在对运行效率没有特别高的要求但是开发人员的工作时间比较紧张的情况下，更多开发者会毫不犹豫地选择易于编写的 Python；而在另一些开发人员时间充足但是算力没有冗余的情况下，C、C++ 就是优于 Python 的选择了。

● 难以实现多线程并行

现在的计算机一般都有多核的 CPU，CPU 可以在不同的核心中同时执行不同的任务。多线程程序会分出几个不同的线程，即不同的任务分支；一般情况下，多核 CPU 能够在不同的核心中并发地运行同一个多线程程序的不同线程，故可以把用时缩短到单核 CPU 的几分之一。然而，Python 中的多线程并不是真正的多线程。Python 的解释器在每个时间点只能解释某个线程的某条语句，而不能同时解释每个线程的语句。虽然 CPU 是多核的，但在解释语句的步骤中，多个线程只能串行而不能并行。因此，Python 很难以多线程并行的方式执行多线程程序。

除此之外，版本兼容性低、文档质量较差等问题也是程序员们一直以来对 Python 的诟病。总之，Python 在具备许多优点的同时，也有不少难以解决的问题。使用者应当根据实际需求进行语言的选择，以最大程度地发挥一个语言的优越性。

1.2　搭建 Python 开发环境

1.2.1　Python 开发环境

如果仅仅要在电脑上安装 Python，只需要在 Python 官网（www.python.org）下载 Python 安装包然后安装即可。如果你的电脑是 Linux 系统，则已经自带了 Python。所谓安装 Python，其实只是安装了 Python 解释器。安装过 Python 解释器之后，计算机就能把 Python 语言翻译为机器语言，即能够运行 Python 程序了。

然而，仅仅安装了 Python 解释器的计算机还并不适合 Python 开发。我们还需要搭建 Python 开发环境——简单地说，就是用于编写和调试 Python 程序的软件。**IDE**（集成开发环境，Integrated Development Environment）是用于提供程序开发环境的大型程序，是文本编辑器、编译器或解释器、调试器等工具的集合体。严格来说，IDE 和编辑器是两个不同的概念，但使用者一般不会刻意区分这两个名词，故后文也不再特意区分。一些 IDE 对多种语言都有充分的支持，而另一些 IDE 则主要用于一种语言的编程开发。

对 Python 来说，主流的编辑器有 PyCharm、Spyder、Visual Studio Code、Jupyter Notebook 等。PyCharm 是功能最全面的；强大的 Python IDE 常被用于大型项目的开发；Spyder 则是相对轻量高效的 IDE；Visual Studio Code 可以用于多种语言的程序开发；在数据分析、机器学习等工作中，Jupyter Notebook 有明显的优势。本书第二部分介绍的 Python 在各领域的应用，其实很大程度上就是 Python 数据分析在各领域的应用。因此，本书将主要使用 Jupyter Notebook 作为 Python 编辑器进行介绍。

Python 的设计理念是追求至简，原始版本的 Python 功能是比较有限的。当我们希望使用某些特定的功能时，就可以把包含这些功能的 Python 库导入（import）程序中。多年来，Python 开发者们已经贡献了大量的 Python 库，它们中的大多数并不包含在 Python 标准库中。当我们在 Python 官网下载 Python 时，并没有下载这些第三方库。那么，如何才能一次性地把我们可能用到的大多数第三方库下载下来呢？

Anaconda 是一个开源、免费的用于科学计算的 Python 开发环境，除了包括 Python 解释器、Spyder 和 Jupyter Notebook 两个编辑器、Anaconda Prompt 命令行程序之外，还包括了上百个 Python 常用包，特别是数据科学包。因此，我们只需要安装 Anaconda，就自动安装了 Python 开发环境，以及本书将用到的大多数 Python 库。请在 Anaconda 官网（https://www.anaconda.com/products/individual）下载相应操作系统的 Anaconda 安装包，并按照官网指导进行安装。

Anaconda 并不总是能够满足我们的开发需要，有时我们可能需要安装其他的第三方 Python 库。传统的安装方法是，寻找并下载该库的文件后，将库文件置于电脑中存放所有 Python 库文件的目录下。而更加高效的做法是，使用 pip 安装。**pip** 是一个 Python 包管理工具，提供了简洁高效的 Python 包的安装、更新、卸载功能。当安装了 Anaconda 后，你就已经安装了 pip，可以使用 pip 来安装 Anaconda 不包含的第三方库。

在图形用户界面被普及以前，计算机的使用者通过命令行程序来操作计算机。命令行程序的操作方法很简单：用户输入一条命令并敲击 Enter，计算机就会执行这条命令。如今，图形用户界面比命令行界面要普及得多，但是命令行界面的适用性却强于图形用户界面。借助命令行，用户可以完成许多在图形用户界面下无法完成的操作。例如，通过在命令行中执行 pip 命令来安装 Python 第三方库。

第一步操作是打开命令行。如果你使用的是 Windows 系统，你可以打开 Windows 的默认命令行程序 cmd，也可以使用 Anaconda 携带的 Anaconda Prompt 程序。如果你使用的是 MacOS 系统，不妨选择 MacOS 中名为"终端"的默认命令行程序。下一步就是输入以下 pip 命令并运行，如图 1-1 所示。

```
pip install <package>
```

图 1-1　pip 安装 PhantomJS

如果你没有科学上网，那国内的 pip 安装的速度将非常缓慢；你可以把国内的镜像网站作为下载源进行 pip 安装以提高速率。以清华大学镜像网站为下载源的 pip 安装命令如下：

```
pip install <package> -i https://pypi.tuna.tsinghua.edu.cn/simple
```

也可以用 pip 来对 Python 库进行更新：

```
pip install -upgrade <package>
```

在后续章节中，我们有时会用到 Anaconda 并不包含的第三方 Python 库，如 requests、Selenium 等，读者不妨试着用 pip 进行安装。常用的 pip 命令如表 1-1 所示。

表 1-1　常用 pip 命令

命　令	作　用
pip search <package>	在 Python 社区 PyPI 里搜索指定的包
pip list	列出所有已安装的包
pip show <package>	展示指定包的详细信息
pip install <package>	安装指定的包
pip install -upgrade <package>	更新指定的包
pip uninstall <package>	卸载指定的包

除了 pip 外，**conda** 也是一个安装包管理工具，它面向多种语言并且可以跨平台使用，比较适合大规模工程项目使用。同样地，在安装了 Anaconda 之后，你也就安装了 conda，并可以使用相应的命令进行包的更新、安装、卸载等操作。而使用 conda 安装 Python 第三方库的方法与使用 pip 类似，只需将上述相关指令中的 pip 替换成 conda 即可。

虽然用法类似，但 pip 和 conda 有几处明显的不同。第一，安装包的语言不同，pip 是专门安装管理 Python 包的，但是 conda 除了 Python，还支持不少非 Python 语言，比如用来写 C 和 C++ 的 mkl cuda 包。当然 Python 依赖包在 conda 中占绝大多数。第二，对编译器的要求不同，pip 安装的包是 Python wheel 或者源代码的包，源码安装的时候需要有编译器的支持，但是 conda 安装的都是编译好的二进制包，不需要编译器再编译。第三，也是最重要的一点，conda 是一个环境管理的工具，它可以自己创建环境，但是 pip 不可以，它只能使用诸如 virtualenv 来创建环境，因此在运行大型项目对环境隔离要求较高的时候，conda 是一个很好的选择。pip 和 conda 之间还有一些微小的差别，如表 1-2 所示。

表 1-2　pip 和 conda 的差别

	pip	conda
包的语言	Python	多种
是否需要编译器	是	否
环境创建	可以直接创建	需要使用辅助工具如 virtualenv
依赖项检查	不需要	需要
包的类型	Python wheel 或者源代码	二进制

但在本书中，使用 pip 安装 Python 第三方库已经基本满足需求，所以本书后面的章节都以 pip 作为安装和管理 Python 包的工具，当然读者如果有需要也可以尝试使用 conda。

1.2.2　Jupyter Notebook

Jupyter Notebook（后文时常简称为 Jupyter）是一个基于网页的交互式计算环境。所谓"基于网页"，是因为 Jupyter 是在浏览器中以网页的形式运行的。安装好 Anaconda 集成的 Jupyter 后，启动 Jupyter，Jupyter 会自动在你的默认浏览器中创建一个新的标签页，如图 1-2 所示。

图 1-2　Jupyter Notebook 主页

Jupyter 主页显示的是默认目录下的所有文件。我们需要点击右上方的 New 按钮即可新建一个 Python 文档，该文档会在一个新的标签页中被打开，如图 1-3 所示。

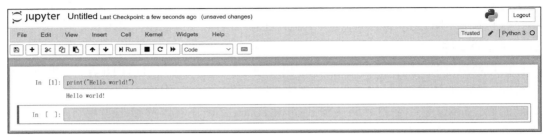

图 1-3　新建 Jupyter 文档

在 Jupyter 交互式文档中，代码编写、运行、输出的基本单位是单元格。所谓交互式，就是说，每编写完一个单元格的代码，就可以实时输出该单元格的运行结果，而不用等整个文档编写完毕后再整体运行。例如，在这个新文档的第一个单元格内写下了一行经典的测试代码，按 Ctrl + Enter 后，代码框的正下方就出现了框中代码的运行结果 Hello world!。进行数据分析时，交互式的 Jupyter 文档可以让我们实时地在每个代码块的正下方看到这一步的计算或者绘图结果。因此，Jupyter 特别适合作为数据分析的开发环境。

图 1-2 中的每个 .ipynb 后缀的文件其实就是这样一个 Jupyter 文档，它只能在 Jupyter 中被编辑运行。ipynb 是 IPython Notebook 的简称，你可以把 IPython 简单地理解为一个升级版的 Python。而 .py 后缀的文件则是更常规的 Python 文件，许多 IDE 都支持 .py 文件的编辑和运行。Jupyter 的基本操作如表 1-3 所示。

表 1-3　Jupyter Notebook 基本操作

操作	描　述
Enter	将单元格由命令模式（边框为蓝色）切换为编辑模式（边框为绿色）
Esc	将单元格由编辑模式（边框为绿色）切换为命令模式（边框为蓝色）
命令模式快捷键（不区分大小写）	
Ctrl + Enter	运行当前单元格
A	在当前单元格的上方新建单元格
B	在当前单元格的下方新建单元格
D	删除当前单元格
Z	撤销删除
Y	将文本（Markdown 格式）单元格转换为代码单元格
M	将代码单元格转换为文本（Markdown 格式）单元格
1 - 6	将文本单元格设置为 1 - 6 级标题
编辑模式快捷键（不区分大小写）	
Tab	代码自动补全
Ctrl + A	全选
Ctrl + Z	撤销

如果读者希望更改 Jupyter 的默认工作目录，则需要修改 Jupyter 的配置文件。在命令

行中输入 jupyter notebook --generate-config 命令可以找到 Jupyter 配置文件所在的路径。定位到该路径，用任意文本编辑器（记事本 / VS Code / Vim）打开该文件，找到 #c.NotebookApp. notebook_dir = 一行，去掉"#"号，并在等号右侧加上你所指定的工作目录即可。在 Python 当中，"#"表示注释，所以"#"右侧的文本都是代码的注释，不会被执行。因此，只有去掉"#"，该行配置才会生效，如图 1-4 所示。

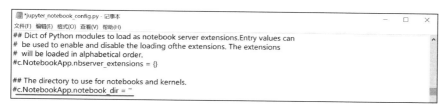

图 1-4　修改 Jupyter 配置文件

除了基本的 Python 代码编辑，Jupyter 还有执行命令行命令、导出其他格式文件、安装插件等许多实用功能，读者会逐渐体会到 Jupyter 的易用和便捷。

1.2.3　运行 Python 程序

在上一节中，我们演示了如何用 Jupyter Notebook 运行 Python 程序；本节将介绍其他几种运行 Python 程序的方法。虽然本书的余下部分几乎不涉及这些方法，但读者在自己的学习和工作中很可能要通过这些方法来运行 Python。这些方法大致被分为 4 类，如表 1-4 所示。

表 1-4　Python 程序运行方式

方式	描　　述
交互方式	在交互式命令行中运行 Python 代码
脚本方式	在命令行中运行 Python 脚本
IDE 方式	在 IDE 中运行 Python 程序
网页方式	在 Jupyter Notebook 中运行 Jupyter 文档

交互方式，是指在交互式命令行中执行 Python 代码。打开命令行程序，输入执行 python 或者 ipython 命令，命令行将进入 Python 交互模式。在交互式命令行中，在输入 Python 代码之后，你可以立刻获得代码的运行结果。例如，在交互式命令行中打印 Hello world!，如图 1-5 所示。

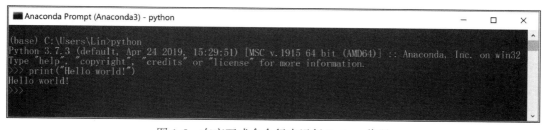

图 1-5　在交互式命令行中运行 Python 代码

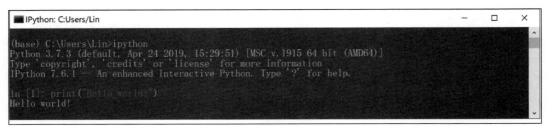

图 1-5 （续）

当我们需要用 Python 完成一些简单的计算时，就可以直接在交互式命令行中输入并运行相关语句。但是，命令行程序不是专门的文本编辑器，在命令行中键入 Python 代码是比较吃力的，并且命令行无法保存 Python 代码及其运行结果。因此，绝大多数 Python 程序都是不适合在交互式命令行中编辑运行的。

Python **脚本**（script）指的是 .py 为后缀的 Python 文件。你只需要用任意文本编辑器创建一个文本文件，在其中编写 Python 代码，并将文件命名为 ***.py，就成功创建了一个 Python 脚本，如图 1-6 所示。

图 1-6　创建 Python 脚本

打开命令行，将工作路径修改到 Python 脚本所在的目录，输入 python hello.py 命令运行 hello.py 脚本，如图 1-7 所示。

图 1-7　运行 Python 脚本

脚本方式的一个麻烦之处在于，你需要先在一个程序（文本编辑器）中编写 Python 程序、再去另一个程序（命令行）里运行 Python 脚本。而如果使用 IDE，我们就能够在同一个程序内完成 Python 程序的编写和运行。不同 IDE 的使用方法是大同小异的，我们不妨以 Spyder 这个 Anaconda 提供的 IDE 为例，如图 1-8 所示。

用户在 Spyder 界面左侧代码区编写 Python 程序，保存（Ctrl + S）文件后运行（F5）程序，在右下侧的控制台就可以得到程序的运行结果。

除了 Spyder，PyCharm 也是 Python 常用的 IDE，它的功能比较完备，既包括一般 IDE 的调试、project 管理、单元测试等功能，还提供了一些高级功能如支持 Django 开发、支持 Google App 引擎等。因此在基于 Python 的大型项目工程中使用十分广泛。PyCharm 的使用与 Spyder 非常相似，如图 1-9 所示。

IDE 不仅拥有比命令行窗口友好得多的图形界面，而且为程序开发提供了代码补全、自动查错等辅助功能。因此，IDE 往往是软件开发者的常用选项。

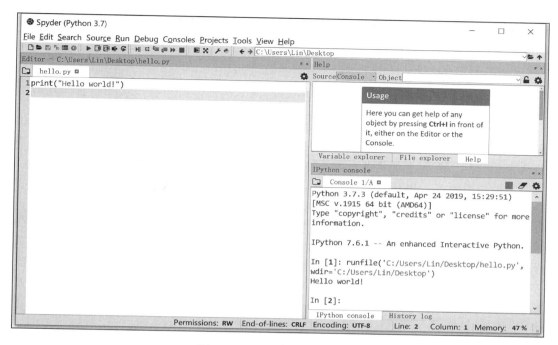

图 1-8　IDE 运行 Python 程序

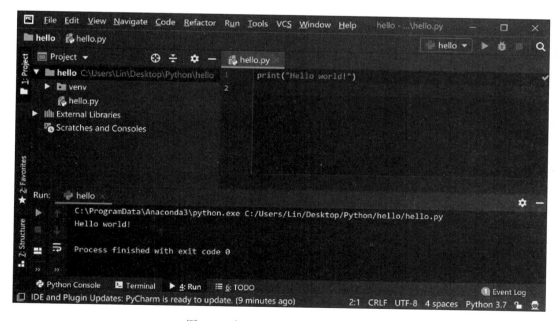

图 1-9　在 PyCharm 中运行 Python

　　在接下来的第 2 章与第 3 章，我们将介绍 Python 的基本语法和进阶语法，并且只会涉及 Python 标准库的内容。在第 4—8 章，我们将从文件操作、数据库、数据可视化等细分领域介绍 Python，此时我们将引入一些重要的第三方 Python 库。第 9—13 章是本书的

第二部分，此部分将从信息管理与信息系统、市场营销、会计、经济、金融等各领域的 Python 应用展开，继续深入地介绍 Python 知识。

◎ 小结

编程语言是用于让计算机执行特定算法的形式语言。人类已经创造了上千种编程语言，其中的许多语言都有能力独立实现所有的算法。但是，每个语言都有不同于其他语言的特性，因而有自己擅长和不擅长的工作领域。程序员要根据工作需求来选择所使用的编程语言。Python 语言具有友好、开源、多范式等令人称赞的特性，也有运行速度相对较慢等受人诟病的缺点。

Anaconda 是一个强大的 Python 开发环境，集成了 Python 解释器、Spyder 和 Jupyter Notebook 两个编辑器，以及上百个 Python 常用包。虽然 Anaconda 可以满足我们的大多数需求，但我们还是经常使用到当前的 Python 开发环境并不包含的第三方工具，这时不妨借助 pip 进行第三方工具的安装。Jupyter Notebook 是一个基于网页的交互式文本编辑器，我们将在 Jupyter Notebook 中继续 Python 的学习。

◎ 关键概念

- **编程语言**：由一系列指令组成的、用于让计算机执行特定算法的形式语言。
- **Python**：一种简洁美观的、解释型的高级编程语言。
- **IDE**：用于提供程序开发环境的大型程序，是文本编辑器、编译器 / 解释器、调试器等工具的集合体。
- **Anaconda**：一个用于科学计算的开源 Python 开发环境。
- **pip**：一个 Python 包管理工具。
- **Jupyter Notebook**：一个基于网页的交互式文本编辑器。

◎ 基础巩固

- 在 Jupyter Notebook 中创建一个 IPython 文档，执行表 1-1 列出的各操作，并在某个单元格中编写 Python 语句，使该单元格输出 Hello world!。最后，利用 Jupyter Notebook 的另存为功能，将该 IPython 文档另存为 PDF 文档（.pdf 格式）和 Markdown 文档（.md 格式）。

◎ 思考提升

- Python 糟糕的版本兼容性一直受到人们的诟病。虽然 Python 2.7 已经停止了维护，但历史遗留的 Python 2 的代码仍然在各种工具中被广泛使用。在一些特定的情况下，我们希望使用的 Python 是 Python 2 而非 Python 3。Python 2 与 Python 3 并不是完全相互兼容的，那么我们怎样才能让两代 Python 友好共存呢？

- Anaconda 的环境管理功能让我们得以在同一台计算机上配置多种不同的 Python 开发环境（具体来说，环境管理功能是由 Anaconda 集成的 conda 工具提供的）。我们可以为 Python 2 和 Python 3 配置各自的开发环境，从而在同一台计算机上实现 Python 2 与 Python 3 的自由切换。请参考阅读材料，学习并实践 Anaconda 的环境管理功能，安装一个 Python 2.7 的开发环境。
- 至于 Python 2 与 Python 3 的具体区别，读者可以学习完第 2 章与第 3 章的 Python 语法后，再来查询本章的阅读材料。

◎ **阅读材料**

- **12 种主流编程语言介绍**：https://www.computerscience.org/resources/computer-programming-languages/
- **Anaconda 官网**：https://www.anaconda.com/products/individual
- **conda 环境管理功能**：https://docs.conda.io/projects/conda/en/latest/user-guide/tasks/manage-environments.html
- **Anaconda 添加 Python 环境**：https://www.geeksforgeeks.org/set-up-virtual-environment-for-python-using-anaconda/
- **Python 2 与 Python 3 的区别**：https://www.pythonforbeginners.com/development/python-2-vs-python-3-examples
- **pip 和 conda 的区别**：https://www.anaconda.com/blog/understanding-conda-and-pip

第2章 ●━━○━━●━━○━━●

Python 语言基础

■ 导引

本章将介绍 Python 标准库的一些基础语法。

Python 标准库提供了 Python 最基础且最精华的功能。而且，在一个 Python 程序刚开始运行时，它甚至并没有引入 Python 标准库提供的全部内容。我们可以根据实际需求来选择性地从 Python 标准库或者第三方库中导入要用的功能。例如，如果要检验密码的复杂程度，就要使用专门用来进行字符串匹配的正则表达式，我们就要在程序中导入 Python 标准库提供的正则表达式模块。而如果我们自己用 Python 实现了正则表达式功能，然后希望在另一个程序中导入这些自定义功能时，又应该如何操作呢？

要用 Python 程序对数据进行运算，首先要明确数据类型和运算种类。对于不同类型的数据，Python 实施的运算是不同的。程序完成运算之后，我们还要让它以恰当的方式输出运算结果。在默认情况下，算术运算的结果会被以十进制数的格式输出；如果我们希望以十六进制数的格式输出算术结果，你该如何进行特定的格式控制操作呢？

程序的默认执行顺序是由上至下的执行，但你经常需要改变程序的执行顺序。例如，当计算一个整数的绝对值时，我们要根据整数的符号来决定下一步要不要计算其相反数，这时就要用到 Python 的条件语句；当计算 100 的阶乘时，我们需要将乘法语句反复地执行，这时就要用到 Python 的循环语句。

代码的简洁性是优秀程序设计的特质之一。为了减少整个程序的代码量，我们可以把多次重复使用的代码块打包为函数，再通过简洁的函数调用来执行函数中复杂的代码块。

- **学习目标**

  - 了解 Python 的基本特性和基础概念，如库、包、模块、函数等；
  - 学习 Python 的基础语法，包括数据类型、运算符、控制流语句和函数等。

2.1　基本概念

本节将介绍 Python 的一些基本特性和基础概念。

2.1.1　函数与方法

把一起工作以实现某项功能的代码打包在一起，赋以它们一个名称，就构造了一个函数。定义好一个函数之后，就可以通过函数名来执行该函数中的所有代码，我们称之为函数的调用。通常，我们使用 def 语句实现函数的定义，关于函数部分的内容将在本章的 2.6 函数进行介绍。此处我们定义一个名称为 func 的函数，x 为 func 函数的参数。该函数的作用是令参数 x 加一，然后打印计算结果：

```
def func(x):
    x = x + 1
    print(x)

func(1)
```
```
2
```

Python 中的每个数据，比如字符串 Hello world! 或者上图的数字 x，都被称为一个**对象**（object）。每个对象都有一些自己内嵌的函数。如何调用对象内嵌的函数呢？执行语句 object_name.func_name(...)，就可以调用名为 object_name 的对象内嵌的名为 func_name 的函数。例如，replace 函数是字符串对象的一个内嵌函数，它的作用是对字符串中的字符或子字符串进行替换。通过 replace 函数，我们将字符串 Hello world! 中的"！"替换为了"."：

```
"Hello world!".replace("!", ".")
```
```
'Hello world.'
```

除了上面介绍的字符串对象的 replace 函数以外，不同类型的对象都有属于自己的内嵌函数。比如说，第 3 章（Python 语言进阶）将介绍的列表对象的 append 函数，它能够在列表末尾添加新的元素，字符串对象的 capitalize 函数能够将字符串的首字母替换为大写字母，等等。熟悉一些常用的对象内嵌函数能够帮助我们更好地掌握 Python 语言，解决不同的问题。

```
top2 = ['USA']
top2.append('CHN')
```

```
print(top2)
['USA', 'CHN']
```

```
"hello world!".capitalize()
'Hello world!'
```

对象内嵌的函数也被称作该对象的"方法"。因此，上面所使用的 replace 函数和 capitalize 函数都属于字符串方法，而 append 函数则属于列表方法。关于其他内嵌函数，本书会在第 3 章（Python 语言进阶）的数据结构部分中进行详细介绍。

2.1.2 库、包与模块

一个 Python **模块**（module）就是一个实现了一定功能的文件。Python 模块并不一定是 Python 文件（后缀为 .py 等），Python 模块其实也可以是由 C 语言编写的。在默认状况下，Python 程序能够实现的功能是比较有限的；导入各种 Python 模块之后，Python 就可以实现模块所实现的功能。

包（package）是模块的集合，**库**（library）又往往是包的集合。一般来说，模块的集合体的体积要远远大于单个模块。也就是说，在程序中导入整个库或包往往是费时的。如果我们仅仅需要用到一个库中的某个模块，就可以选择只导入这个模块。

用 import 语句来导入库、包或者模块。也可以用 import ... as ... 语句，在导入的同时设置别名。例如，我们通过 import 语句导入了 pandas 库，并将其命名为 pd。这么做可以使我们在调用 pandas 库的函数时更为方便。比如，我们通过 pandas 库中的 DataFrame 函数生成了一个 DataFrame 类型（类似于 Excel 表格）的数据集，记录小明和小红的成绩：

```
import pandas
import pandas as pd
pd.DataFrame({'姓名': ["小明", "小红"], '成绩':[85, 98]})
```

	姓名	成绩
0	小明	85
1	小红	98

我们也可以通过 from ... import ... 语句从相应的包中导入特定的模块。例如，我们用 from ... import ... 语句从 datetime 包中导入 datetime 模块：

```
from datetime import datetime
```

当程序执行 import 语句时，Python 会在该程序所在目录以及其他几个提前设定好的目录中寻找所要导入的库或模块；若找到，则将它们导入。所以，你也可以构建自己的模块，将它存放于这几个目录中，日后就可以在别的程序中导入自己构建的模块。

比如，我们在 Jupyter 文档所在目录下新建一个 my_module.py 文件，在其中定义一个函数：

```
def func():
    return "This is my module!"
```

然后，回到原来的 Jupyter 文档，执行以下代码：

```
import my_module
my_module.func()
```

```
'This is my module!'
```

我们先用 import 语句导入之前自定义的 my_module 模块；my_module.func() 的作用是执行 my_module 模块中的 func 函数。从输出结果可以看到，我们已经成功地把自定义模块导入到了程序中。

你也可以选择仅从包或模块中导入你将要用到的函数：

```
from my_module import func
func()
```

```
'This is my module!'
```

当你需要在 Python 中用到某些功能时，你就可以导入包含这些功能的 Python 模块。例如，如果你想使用一些科学计算功能，你就可以导入专门用于科学计算的 NumPy 库；如果你的电脑并没有事先安装 NumPy 库，相应的 import 语句将无法顺利执行，这时你就可以利用 pip 工具来快速安装 NumPy 库。通常，我们通过 pip install ... 语句对特定的库进行下载安装。值得注意的是，在 Jupyter Notebook 编辑器中，需要在 pip 前添加一个"！"。比如，安装 NumPy 库：

```
! pip install numpy
```

那么，pip 工具是从哪里获取 Python 库的呢？通常来说，pip 安装的数据源是 Python 社区 Python Package Index（PyPI）。你也可以把你自己完成的项目上传到 PyPI。这样一来，世界各地的程序员就可以利用 pip 工具安装并使用你所实现的 Python 模块。

2.1.3　关键字

关键字 / 保留字（keyword）是一个编程语言中有特殊作用的词语；一个关键字的作用是事先确定好的，你不能改变其用途。例如，上一小节用到的 import 和 from 都是 Python 的关键字；import 关键字的作用是导库，所以你只能用 import 来导库，而不能用 import 给变量命名。

你可以通过以下语句来查看 Python 的所有关键字：

```
import keyword
keyword.kwlist
```

```
['False', 'None', 'True', 'and', 'as', 'assert', 'async', 'await', 'break',
'class', 'continue', 'def', 'del', 'elif', 'else', 'except', 'finally',
'for', 'from', 'global', 'if', 'import', 'in', 'is', 'lambda', 'nonlocal',
'not', 'or', 'pass', 'raise', 'return', 'try', 'while', 'with', 'yield']
```

如果你不知道所使用的名称是不是关键字，可以通过以下语句查询，如果返回是 False，则不是关键字；如果返回是 True 则是关键字。

```
import keyword
print(keyword.iskeyword("integer"))
False
```

```
import keyword
print(keyword.iskeyword("break"))
True
```

2.1.4 语句

语句（statement）是 Python 解释器可以单独执行的一组代码单元，比如，print（"Hello world!"）就是一个语句。在 Python 中有两种类型的语句，一行语句和多行语句。一行语句，即占用了一行的一条语句。有的时候为了方便阅读代码，可以在一行语句的结尾加上分号 "；"，当然语法上也允许不加。如下所示，是一个打印 Hello world! 的语句。

```
print("Hello world!");
Hello world!
```

但如果想在一行书写多个语句，就必须使用分号 "；" 将各个语句分开，否则 Python 会因为无法识别这些语句而报错。

```
a = 1; b = 2; c = 3
print(a + b + c)
6
```

有的时候一个语句过长，放在同一行会影响代码阅读，这个时候可以采用多行语句的形式。我们可以使用反斜线符号 "\" 将同一个语句的多行连接起来，例如：

```
a = 1; b = 2; c = 3
total = a + \
b + \
c
print(total)
6
```

如果这个语句中含有括号 "()、[] 和 {}"，则不需要使用反斜线符号，可以将上面的例子修改如下：

```
a = 1; b = 2; c = 3
print(a
+
b
+
c
```

```
)
6
```

2.1.5　代码块和缩进

在许多语言中，代码块都是用大括号表示的，如果读者学习过其他编程语言，一定已经注意到，Python 函数的定义竟然没有用到大括号。在一些情况下，比如定义函数时，我们要把多行代码打包为一整个代码块。然而，Python 并不用大括号来打包代码块，这是很多程序员特别不习惯的一个 Python 特性。

Python 用缩进来表示代码块。所谓缩进，即是在一行代码的最左侧放置一定数量的空格。Python 一般以四个空格为一个缩进，当然读者也可以自行决定空格的数量（例如两个或三个），但同一个代码块内的每行代码要保持相同数量空格的缩进。每一个冒号都对应一个新的代码块，该代码块的每行要比该冒号的所在行多一个缩进。例如：

```
def func1():
    def func2():
        def func3():
            pass
```

func2 比 func1 所在行多一个缩进，func3 又比 func2 所在行多一个缩进，pass 又比 func3 所在行多一个缩进，这里一共包含了四层代码块。其中，pass 关键字表示空代码块。

有一些编程者也尝试用制表符 Tab 作为缩进。但是，不同的编辑器会自动把 Tab 转换为不同数量的空格，这样一来，就容易出现混乱。使用常规空格作为缩进，可避免这个问题。因此使用空格也是 Python 所建议的缩进方式。

2.1.6　代码注释

代码注释（code annotation）是代码中会被解释器自动忽略的文本，作用是为程序提供注解，提高可读性。"#"是 Python 的单行注释符号，"#"右侧的文本即注释。我们一般把某行代码的注释添加在其正右侧：

```
pass  # 这是注释
```

除了能够给代码提供解释以外，注释还可以用于激活或无效化特定的代码，也即作为控制特定代码的开关。在 Jupyter Notebook 中，注释的快捷键为 Ctrl + /，我们可以通过该快捷键无效化不想执行的代码，并在需要执行它时再通过该快捷键进行激活：

```
# 原代码
a = "Hello world!"
print(a)
Hello world!
```

```
# 通过快捷键 Ctrl + /，无效化该代码
```

```
# a = "Hello world!"
# print(a)
```

有时候，一行的注释文本不足以解释清楚代码的作用，我们就需要使用多行注释。你当然可以烦琐地在每行注释前方加一个"#"，你也可以便捷地使用多行注释符号（三引号），这样两个三引号内部的所有内容都是注释：

```
"""
一对三引号
包含了
多行的注释文本
"""
pass
```

2.1.7　代码风格

编程的基本要求是编写出计算机能够运行的代码；而编程的更高要求是，编写出不仅可以被计算机理解，而且易于被编程人员理解的代码。优秀的代码风格会使代码更容易被编程人员理解，既能降低初次编写时的犯错频次，又能提高后续交接、维护时的工作效率。因此，我们要从现在就开始重视代码风格。

虽然代码风格并没有统一的评价标准，但优美规范的代码往往会遵守以下几条规则：

- 表意清晰的命名

    程序中所有的命名（函数名以及后续将介绍的变量和类的名称）都要尽量表达出其命名对象的含义或作用。例如，一个用于打印公司信息的函数就可以被命名为 printCompanyInfo 或者 print_company_info。最好不要使用诸如 x、data、function 之类的表达不出任何实际含义的命名，也不要使用 printcompanyinfo 这样难以辨认的命名。

- 使用空白符

    空白符指的是空格、Tab 和换行符。如果把代码中的运算符和其他部分用空格间隔开，代码就会给人更舒适的视觉感受。如果一段代码包含数个相对独立的部分，我们可以把这些部分用换行符（也就是空行）间隔开。特别是以下的情况中，如果中间不空行，我们就难以判断"差的代码风格"到底注释的是其上方还是其下方的代码：

```
# 好的代码风格
z = 3.4 * (x1 / 7.5 + x2) * 4.8 / (4.2 - y1 / 3.6) - y2 * 2.1

# 差的代码风格。太拥挤了！
z=3.4*(x1/7.5+x2)*4.8/(4.2-y1/3.6)-y2*2.1
```

- 多写注释

    当你刚写下一些代码时，你大概十分清楚它们的作用。但只要时间稍稍流逝，你可能就不再那么熟悉你写的代码了。这时，注释就可以帮你重新认识你的代码，而且大多数的代码都不只会被作者一个人观看，它们还会被许多其他的开发者使用，你所写的代码别人也不一定能够很容易地理解。合适的注释可以帮助开发者们迅速理解一段陌生的代码。

因此，我们建议编程者在编程时多写注释。虽然注释量也不是越多越好，但我们至少要可以保证代码的阅读者能够较轻松地读懂这段代码。不同的编程语言、不同的公司团队、不同的个人习惯都会对代码风格提出不同的要求。读者可以查阅阅读材料，学习 Python 官方所提倡的 Python 代码风格。

2.1.8　帮助文档

Python 的 help 函数的作用是查看帮助文档。该函数可以用来查看对象、数据类型、函数、模块、包、库的介绍；也就是说，help 函数几乎可以查看 Python 大家庭中任何成员的帮助文档。比如，查看 datetime 模块的介绍：

```
help(datetime)
Help on class datetime in module datetime:

class datetime(date)
    datetime(year, month, day[, hour[, minute[, second[, microsecond[,tzinfo]]]]])

    The year, month and day arguments are required. tzinfo may be None, or an
    instance of a tzinfo subclass. The remaining arguments may be ints.

    Method resolution order:
        datetime
        date
        builtins.object

    Methods defined here:

    __add__(self, value, /)
        Return self+value.
......
```

当你对某个对象、某个函数或者某个模块的功能有疑问时，不一定要求助他人或者搜索引擎，你完全可以先尝试用 help 函数来寻找解答。

2.2　数据类型与变量

程序的一个被广泛认同的定义是"程序 = 数据结构 + 算法"。程序就是以一个确定的策略（算法）来对一些数据进行一系列的操作。对于不同类型的数据，比如字符串和数值，程序所能做的操作是不一样的。高级语言总是会对数据的类型做出一个分类。

本节，我们只介绍 Python 中最基本的数据类型，如表 2-1 所示。

表 2-1 Python 基本数据类型

数据类型	描　　述
int	整数类型，无精度限制的任意整数
float	浮点数类型，有精度限制的小数
str	字符串类型
bool	布尔类型（逻辑类型），True 和 False，分别表示"是"和"否"
bytes	字节类型
None	None 类型，表示无数据

一个数据类型的一个可能的数据被称为该数据类型的一个实例。例如，1 是 int 类型的一个实例；3.5 是 float 类型的一个实例；Hello 是 str 类型的一个实例；None 是 None 类型的唯一一个实例。

变量（variable）是数据的载体，也即对象的载体；变量指向内存中的一个对象。例如，变量 a 被赋值为 1：

```
a = 1
print(a)
1
```

此处的 a 即一个变量，它被初始化赋值为 1，即变量 a 是数据 1 的载体。经过赋值后，我们就可以用变量名 a 来指代它背后的数值；当我们打印 a，输出的结果就是 1。

既然名为变量，其值当然是可以变化的。例如，变量 a 的值被重新赋值为 999：

```
a = 999
print(a)
999
```

变量的命名有一定的规则和规范：

- 变量名只能包含字母（区分大小写）、数字和下划线，且只能以字母或者下划线开头，不能以数字开头；
- 不能以 Python 的关键字或函数名作为变量名，即不能把已有含义的名称作为变量名；
- 变量名既要简洁，又要表意明确。

因此，1name 和 import 都是非法的变量名，this is student age 和 number_of_peple_dying_from_covid19 也是不够简洁的变量名。

如果读者学习过 C 或者 C++，此时应该已经注意到了 Python 与它们的又一个不同之处：Python 变量不需要先声明再赋值。在 C 语言中，每个变量都有事先声明好的数据类型——如果你把变量 a 声明为一个浮点数，a 就只能是一个浮点数，你不能把 a 赋值为整数；而在 Python 中，你可以先把变量 a 赋值为浮点数，随后再将其赋值为任意其他的数据类型。以下操作在 Python 中是没有任何问题的：

```
A = 100            # 变量 A 是整数
A = "100"          # 变量 A 成为字符串
```

而且，在 Python 中，你可以用一条语句给多个变量赋值：

```
A = B = C = 100
print(A, B, C)
100 100 100
```

```
A, B, C = 98, 99, 100
print(A, B, C)
98 99 100
```

除了基本数据类型，Python 标准库还有一些其他更复杂的数据类型，很多 Python 库也都会定义自己的数据类型。我们可以用 type 函数来查看某个数据或者某个变量的数据类型：

```
A, B, C = 98, 99, 100
print(A, B, C)
98 99 100
```

```
type(0.0)
float
```

```
type(True)
bool
```

```
type(a)
int
```

有时我们需要进行数据类型的转换。数据类型的转换分为两种，一种是隐式转换，通常在数据运算过程中完成，比如在混合运算的时候，Python 会自动把整数型转化为浮点数型，如下所示：

```
a=5
b=0.8
c=a*b
print(type(a))
print(type(b))
print(type(c))
<class 'int'>
<class 'float'>
<class 'float'>
```

另一种是强制转换，可以使用类型转换函数，常用的函数有 int、float、str 和 bool，可以把其他类型的数据转换为相应的目标类型数据。此处的变量 s 是一个字符串变量，我们通过 int 函数和 float 函数，成功对变量 s 的数据类型进行了转换。注意 3 个输出的细微区别：

```
s = "19491001"
s
'19491001'
```

```
int(s)
19491001
```

```
float(s)
19491001.0
```

在程序中经常需要进行一些条件判断，这便涉及布尔类型的数据。所谓"非 0 即为真"，bool 函数会把所有非数值 0 的数据转换为逻辑值 True，其余则为 False：

```
bool(0)
False
```

```
bool(0.0)
False
```

```
bool(1)
True
```

```
bool(3.5)
True
```

```
bool('0')
True
```

```
bool('Hello')
True
```

2.3　运算符

大多数情况下，程序的运行其实就是运算并改变变量值的过程。因此，Python 中也需要一系列的运算符（操作符）。Python 中最常见的运算符当然是我们已经见过的赋值运算符"="。本节我们来介绍 Python 中的其他运算符。

Python 中的二元算术运算符如表 2-2 所示。

表 2-2　Python 算术运算符

表达式	描　　述
x + y	x 加 y
x - y	x 减 y

（续）

表达式	描　述
x * y	x 乘以 y
x / y	x 除以 y
x % y	x 对 y 取模（求余，x/y 的余数）
x ** y	x 的 y 次幂
x // y	x 除以 y 并向下取整

当运算符的操作数 x 和 y 都是数值时，上述运算符的作用都是非常明确的。如果 x 和 y 都是 int 类型，只要不是进行普通除法运算，运算结果就还会是 int 类型。但如果 x 和 y 中至少有一个为 float 类型，则 x 和 y 都会被统一转化为 float 类型以得到一个 float 类型的运算结果：

```
type(999 / 1)
float
```

```
type(999 * 1)
int
```

```
type(999 * 1.0)
float
```

在内存中，浮点数是以科学计数法的形式储存的。所以，浮点数有时会以科学计数法的形式输出。理论上来说，用科学计数法更容易表示大数字。但实际上，Python 中的 float 类型变量是有精度限制的，无法表示过大的数或者过多的位数。你可以把下面代码里的浮点数替换为整数，看看会不会再次报错，以判断 int 类型有没有精度限制：

```
1314.0 ** 100
---------------------------------------------------------------------------
OverflowError                             Traceback (most recent call last)
<ipython-input-45-c4a66cb83482> in <module>
----> 1 1314.0 ** 100

OverflowError: (34, 'Result too large')
```

```
1314 ** 100
7236632568190837056235743344821721451379096583926700837515906300475158485
8543396910593220560124638265534594269328365456280929470746350845708669110
8300482855477083511502691629332983488311366060353819784443941152957153966
5180853900017624060825175518400082358484368462112115245917427923879143996
39647003277971685376
```

与其他一些语言不同，Python 的整除法是向下取整，而不是向 0 靠拢的。比如，对 11 除以 −2 进行整除运算，结果为 −6：

```
11 // -2
```
```
-6
```

其实，操作数 x 和 y 也不一定必须是数值类型。比如，当 x 和 y 都是字符串时，加法就是字符串的拼接：

```
"Tsinghua " + "University"
```
```
'Tsinghua University'
```

归根结底，二元算术运算符不过是一个有两个参数的函数。当你自己定义数据类型的时候，你也可以修改运算符代表的函数，给你的数据类型自定义加法、减法以及任何二元运算。

Python 中的赋值运算符如表 2-3 所示。

表 2-3　Python 赋值运算符

表达式	描　述
x = y	简单的赋值运算，将右边的值赋予左边
x += y	加法赋值，新的 x 等于原先的 x 与 y 的和，相当于 x = x + y
x -= y	减法赋值，新的 x 等于原先的 x 与 y 的差，相当于 x = x − y
x *= y	乘法赋值，新的 x 等于原先的 x 与 y 的乘积，相当于 x = x * y
x /= y	除法赋值，新的 x 等于原先的 x 与 y 的商，相当于 x = x / y
x %= y	取模赋值，新的 x 等于原先的 x 除以 y 的余数，相当于 x = x % y
x **= y	幂赋值，新的 x 等于原先的 x 的 y 次幂，相当于 x = x ** y
x //= y	取整除赋值，新的 x 等于原先的 x 除以 y 向下求整，相当于 x = x // y

赋值运算符的作用是给变量赋值。最简单的赋值运算符为"＝"，它将"＝"右边的值赋给左边的变量。除了简单的赋值以外，我们还能够对原变量进行运算后再赋值给左边的变量。比如 x+=y 就将原先的 x 与 y 的和赋给变量 x，使得变量 x 的值发生了变化。"+=""-=""*=""/=""%=""**=" 和 "//=" 也类似地进行算术运算后再进行赋值。合理使用这些赋值运算符能够在一定程度上减少代码的复杂性。

下面是赋值运算符的使用例子：

```
a, b, c = 1, 2, 3
a += 2    # 相当于 a = a + 2
b *= 2    # 相当于 b = b * 2
c **= 2   # 相当于 c = c ** 2
print(a, b, c)
```
```
3 4 9
```

Python 中的比较运算符如表 2-4 所示。

表 2-4　Python 比较运算符

表达式	描　述
x == y	若 x 与 y 相等，则返回 True，否则返回 False
x != y	若 x 与 y 不相等，则返回 True，否则返回 False

（续）

表达式	描　述
x < y	若 x 小于 y，则返回 True，否则返回 False
x <= y	若 x 小于等于 y，则返回 True，否则返回 False
x > y	若 x 大于 y，则返回 True，否则返回 False
x >= y	若 x 大于等于 y，则返回 True，否则返回 False

编程中最常见的错误就是将"="与"=="混淆。其中，"="是赋值运算符，作用是将"="右边的值赋给左边的变量，但并不会返回结果；而"=="是比较运算符，作用是判断"=="左右两边的变量值是否相等，并返回 True 或 False。注意"="与"=="的区别：

```
a = 1
c = 2
a == c

False
```

除了"=="以外，我们还列举了其他比较运算符的例子。值得注意的是，if 语句是条件语句，其作用是在条件表达式结果为 True 时执行该子句后的代码块。关于条件语句的内容将在本章的 2.5.1 中进行详细讲解：

```
a, b = 1, 2
print(a != b)

True
```

```
a, b = 1, 2
print(a > b)

False
```

```
a, b = 1, 1
if a >= b:
    print("a is greater than or equal to b")

a is greater than or equal to b
```

```
a, b = 1, 2
print(a < b)

True
```

```
a, b = 1, 2
if a <= b:
    print("a is less than or equal to b")

a is less than or equal to b
```

在内存中，数据是以二进制储存的。位运算是把数据作为二进制数来进行计算的。

Python 中的位运算符如表 2-5 所示。

表 2-5　Python 位运算符

表达式	描　述
x & y	按位与
x | y	按位或
x ^ y	按位异或
~x	按位取反
x << k	向左位移 k 位
x >> k	向右位移 k 位

令 x = 53，即二进制的 00110101，y = 27，即二进制的 00011011。位运算的结果如下：

```
x = 53    # 二进制：0011 0101
y = 27    # 二进制：0001 1011
```

```
x & y    # 二进制：0001 0001
17
```

```
x | y    # 二进制：0011 1111
63
```

```
x ^ y    # 二进制：0010 1110
46
```

```
~x       # 二进制：1100 1010
-54
```

```
x << 2   # 二进制：1101 0100
212
```

所有形如 x = x op y（op 为上述介绍的算术运算符或位运算符）的赋值语句都有一种等价的简化写法——x op= y。例如，下面两个语句就是完全等价的：

```
x = x << 2
```

```
x <<= 2
```

Python 中的逻辑运算符如表 2-6 所示。

表 2-6　Python 逻辑运算符

表达式	描　述
x and y	与运算，x 与 y 同为 True 则返回 True，否则返回 False
x or y	或运算，x 为 True 或者 y 为 True 则返回 True，否则返回 False
not x	非运算，x 为 True 则返回 False，否则返回 True

相关逻辑运算符的例子如下：

```
print((3 == 3) and (2 != 3))
True
```

```
a = 1; b = 3
print((a == 1) or (b < 3))
True
```

```
print(not True)
False
```

上一节我们只介绍了基本数据类型，而 Python 标准库中还有其他一些复杂的数据类型。一个复杂数据类型的对象可以是由基本数据类型的多个对象复合而成的。关于复杂数据类型我们将在本书的第 3 章（Python 语言进阶）中进行详细介绍。下面我们生成一个由多个对象拼接而成的列表对象，并判断特定的对象是否存在于列表当中：

```
top2 = ['USA', 'CHN']
'IDN' in top2
False
```

成员运算符 in 的作用是判断字符串 IDN 是否在字符串列表 top2 之中，如表 2-7 所示。

表 2-7　Python 成员运算符

表达式	描　述
x in sequence	若 x 为 sequence 的成员，则返回 True，否则返回 False
x not in sequence	若 x 不是 sequence 的成员，则返回 True，否则返回 False

Python 还提供了一类特殊的运算符——身份运算符，用于判断两个变量是否指向同一个对象：

```
top2_copy = list(top2)
```

```
top2_copy == top2
True
```

```
top2_copy is top2
False
```

先调用 list 函数，复制 top2 变量指向的列表对象以生成一个新的列表对象，并把这个对象赋值给 top2_copy。不同的对象储存于内存中的不同位置，因此 top2 和 top2_copy 两个变量分别指向内存中两个不同的位置，只不过这两个位置中的数据是相同的。比较运算符 "=="比较的是两个变量的数据是否相等，故返回 True；身份运算符 "is"判断的是两个变量是否指向同一个对象（也即内存中是否同一个位置），故返回 False，如表 2-8 所示。

表 2-8 Python 身份运算符

表达式	描　述
x is y	若 x 和 y 代表同一对象，则返回 True，否则返回 False
x is not y	若 x 和 y 不代表同一对象，则返回 True，否则返回 False

虽然 Python 提供了众多运算符，但出于代码易读性的考虑，不建议读者在一行代码中应用太多运算符。当一行代码中含有多个运算符时，便会涉及运算符的优先级问题。如果读者对运算符优先级还不清楚，不妨直接用小括号控制优先级，或者把运算符较多的一行代码拆分为多行代码。

2.4 输入与输出

在 Python 3.x 中，input 函数是用于接收键盘输入数据的函数。input 函数的基本用法为 variable = input("提示文字")。此处通过 input 函数对变量 s 进行输入：

```
s = input("Input a string: ")
Input a string: I'm a string
```

其中，"Input a string:" 是打印至屏幕用以提示用户进行输入的文本。通过 input 函数，Python 接收了键盘输入的数据，并将该值赋给变量 s：

```
s
"I'm a string"
```

比较麻烦的一点是，input 函数会把所有的输入都识别为字符串。也就是说，即便我们输入的值是数字，Python 依然会认为我们输入的是字符串。因此，如果你希望创建的是数值对象，你需要对 input 函数的返回值进行类型转换：

```
num = input("Input a number: ")
type(num)
Input a number: 123
<class'str'>
```

```
num = int(input("Input an int: "))
type(num)
Input a number: 123
<class'int'>
```

```
num = float(input("Input a float: "))
type(num)
Input a number: 123
<class'float'>
```

除了可以使用上文给出的强制类型转换函数以外，也可以使用 eval 函数，它可以自动将输入的字符串进行识别并转换为相应的整数类型或者浮点数类型：

```
num = eval(input("Please enter: "))
print(type(num))
Please enter: 123
<class 'int'>
```

```
num = eval(input("Please enter: "))
print(type(num))
Please enter: 3.14
<class 'float'>
```

Python 标准库提供了三种数据输出方式：表达式语句直接输出、print 函数以及文件输出。本书的第 3 章将介绍文件输出的方法；表达式语句直接输出指的是运行一个表达式，直接输出该表达式的结果；现在我们来详细介绍 print 函数。print 函数最简易的用法——直接输出一个对象或者变量的值：

```
print("Hello world!")
Hello world!
```

```
num = 666
print(num)
666
```

如果一次 print 多个对象，每两个对象默认以空格间隔开；也可以通过设置 sep 参数来自定义间隔符：

```
print("Hello", "world")
Hello world
```

```
hello = 'Hello'
world = 'world'
print(hello, world, sep = ',')
Hello,world
```

在默认情况下，print 函数会在字符串末尾加上换行符“\n”，即 print 函数会在打印结束后换行；也可以通过设置 end 参数来自定义结尾符：

```
print(1922)
print(1230)
1922
1230
```

```
print(1922, end = " ")
print(1230, end = "!")
1922 1230!
```

当然，print 函数也可以直接打印出一行空白，如下所示：

```
print()
```

2.4.1 格式化输出

格式控制符（conversion character）的作用是以特定的格式输出字符串，我们可以通过 print 函数对字符串进行格式化输出。格式化输出的完整写法为：print("提示语句 %[flag][width][.][precision]type" %(变量名))。

表 2-9　Python 格式控制符

控制符	含　义
flag	+（显示正负号、右对齐），–（左对齐），0（填充 0），#（八进制数前面显示 0，十六进制数前面显示 0x 或 0X）
width	最短宽度；计算宽度时包含小数点；不满最短宽度时，自动补全
precision	精确度，即小数点后的位数
type	输出类型，详见下表

其中，type 是数据的输出类型控制符，如表 2-10 所示。

表 2-10　数据输出类型控制符

控制符	含　义
%c	字符
%s	字符串
%r	把字符串作用于 repr 函数后再输出
%o	八进制整数
%d, %i	十进制整数
%x, %X	十六进制整数（字母分别为小写和大写）
%e, %E	科学计数法（字母分别为小写和大写，e 表示 10 而非自然底数）
%f, %F	浮点数
%%	一个百分号 %

当需要输出多个变量或输出多次相同的变量时，在需要输出变量的地方添加 type 并在最后的 %（变量名）部分中添加变量名即可，不同变量名之间用"，"分开。比如以十六进制的格式输出数字字符串：

```
num = 2020
print("十进制数 %d 等于十六进制数 %X." %(num, num))
```
十进制数 2020 等于十六进制数 7E4.

双引号内是将要打印的字符，其中的 %d 和 %X 就是格式控制符。在输出中，格式控制符会被替换为双引号外面的 % 右侧的对象，即 num 和 num。格式控制符中的不同字符代表不同的格式控制。比如，%d 代表十进制数，%X 则代表十六进制数，故 %d 被替换为 2020，%X 被替换为 2020 的十六进制形式，即 7E4。

下面是格式控制符使用的一些例子：

```
print("%2.3f" %num)          # 最短宽度 2，精确度 3
2020.000
```

```
print("%010d" %num)          # 最短宽度 10，不足时左侧补 0
0000002020
```

```
print("%#x" %num)            # 十六进制数左侧加上 "0x"
0x7e4
```

2.4.2　format 方法

字符串的 format 方法是格式化输出的另一个方法。其实 format 方法非常类似于格式控制符，来看一个例子：

```
print("十进制数 {:d} 等于十六进制数 {:x}.".format(num, num))
十进制数 2020 等于十六进制数 7e4.
```

format 方法将用小括号内的参数替换字符串中的大括号部分。大括号内冒号右侧部分的作用是控制变量的输出格式，其语法和格式控制符语法比较接近。format 方法还有一种完全等价的简化写法：

```
print(f"十进制数 {num:d} 等于十六进制数 {num:x}")
十进制数 2020 等于十六进制数 7e4
```

还可以对字符串中的大括号进行编号，字符串中的 {i} 会被替换为 format 方法的第 i 个参数。值得注意的是，在 Python 中索引都是从 0 开始计数的，而非从 1 开始计数。因此，在这里 {0} 会被替换为第 0 个参数 para0：

```
print("{0} / {1} / {0} / {1} / {2}".format('para0', 'para1', 'para2'))
para0 / para1 / para0 / para1 / para2
```

实际上，format 方法比格式控制符更加灵活。如有需要，请读者阅读 Python 官方文档以了解 format 方法的更多灵活用法。

2.5　控制流语句

控制流指的是程序中代码的执行顺序。通常情况下，程序是由上到下执行的。但有时，我们需要改变由上到下的默认控制流。例如，我们需要根据条件判断，选择性地执行代码；或者针对部分代码循环重复地执行。对此，我们需要用到控制流语句。Python 提供了两类控制流语句，一类是条件语句，即 if 语句，另一类是循环语句，即 for 语句和 while 语句。

2.5.1 条件语句

Python 只提供了一种条件语句，即 if 语句，而没有提供其他许多语言都提供的 switch 语句。所谓条件语句，就是依据条件表达式的取值（True 或 False）来决定接下来执行的代码块。例如：

```
test1 = False
test2 = True
test3 = True
if test1:
    print("Case 1")
elif test2:
    print("Case 2")
elif test3:
    print("Case 3")
else:
    print("Case 4")
```
```
Case 2
```

Python 会依次判断 if 子句和每一个 elif 子句的条件表达式；若为 True，则执行该子句后的代码块，执行完毕后就跳出整个 if 语句；若为 False，则继续下一个 elif 子句的条件表达式的判断；若所有的条件表达式都为 False，则执行位于末尾的 else 子句后的代码块。在上面的例子中，test1 = False，因此第一个 if 子句未被执行；而由于 test2 = True，第一个 elif 子句被执行，因此输出结果为 Case 2，然后整个条件语句结束。

在 if 语句中，if 子句是必需的，elif 子句和 else 子句则不是必需的。例如，没有 elif 子句或者 else 子句的条件语句如下：

```
a = 1
if a < 0:
    print("a is greater than 0")
else:
    print("Otherwise")
```
```
Otherwise
```

```
a = 1
if a > 1:
    print("a is greater than 1")
elif a > 0:
    print("a is greater than 0")
```
```
a is greater than 0
```

```
a = 2
if a > 1:
    print("a is greater than 1")
```
```
a is greater than 1
```

条件语句也可以进行简化，用于有条件的赋值语句：

```
# 当条件成立时 x=1 否则等于 0
x = 1 if 1 > 0 else 0
x
1
```

条件语句也可以进行嵌套，例如：

```
a = -3
if a != 0:                    # 外层条件
    if a > 0:                 # 内层条件
        print("It's positive!")
    else:
        print("It's negative!")
else:
    print("It's zero!")
It's negative!
```

该例子先进行外层的选择判断，若外层的 if 条件不成立，则执行外层对应的 else 子句，如果外层的 if 条件正确，则进一步判断其内层的选择条件是否成立，如此重复。在上面的例子中，a != 0 成立，因此执行外层的 if 语句；而又由于 a > 0 不成立，因此执行内层对应的 else 子句，最终输出的结果为 It's negative!。当我们改变 a 的值时，条件成立的情况会发生变化，最终的输出结果也会因此发生变化：

```
a = 3
if a != 0:                    # 外层条件
    if a > 0:                 # 内层条件
        print("It's positive!")
    else:
        print("It's negative!")
else:
    print("It's zero!")
It's positive!
```

2.5.2　循环语句

当你需要重复执行一段代码时，可以用循环语句来重复执行代码段，而不必烦琐地重复编写相似的代码。循环执行的代码被称为循环体。在 Python 中，有两种循环语句，分别为 for 语句和 while 语句。

我们首先来看 for 语句。for 语句适用于以下情境的循环语句：你要对一个对象集合中的每个对象做相同的操作。例如，循环变量 num 被依次赋值为列表中的每一个数值；每赋值一次，循环体（print 语句）被执行一次：

```
for num in [1, 2, 3, 4, 5]:
    print(num, end = ' \\ ')  # 循环体
1 \ 2 \ 3 \ 4 \ 5 \
```

其中，"\\" 是用来表示 "\" 的转义字符，这在第 3 章字符串中将会详细介绍。

range 函数的作用是生成一个整数等差数列。我们经常在 for 语句中用到 range 函数：

```
for num in range(1, 6):
    print(num, end = ' \\ ')
1 \ 2 \ 3 \ 4 \ 5 \
```

当 range 函数只有一个参数时，该参数为数列区间（左闭右开）的右端点；有两个参数时，两个参数分别为数列区间的左右端点；有 3 个参数时，第三个参数为等差数列的公差：

```
for num in range(1, 7, 2):
    print(num, end = ' \\ ')
1 \ 3 \ 5 \
```

有时候，我们可能需要根据情况来判断是否需要提前中止当前这一遍循环体的执行，或者终止整个 for 循环语句。continue 和 break 关键字分别对应这两种情况。

continue 关键字的作用是，中止当前这一遍循环体的执行，提前进入下一遍循环。例如：

```
for num in range(6):
    if num % 3 == 0:
        continue
    print(num, end = ' \\ ')
1 \ 2 \ 4 \ 5 \
```

可以看到，当 num 值为 3 时，if 语句条件表达式为 True，continue 语句被执行，循环体提前中止执行，故 3 并没有被打印。

break 关键字的作用则是终止整个 for 循环语句：

```
for num in range(1, 6):
    if num % 3 == 0:
        break
    print(num, end = ' \\ ')
1 \ 2 \
```

从上面的例子可以发现，当 num 值为 3 时，if 语句条件表达式为 True，break 语句被执行，终止了整个 for 循环语句。因此，3 和 3 后面的数字并未被打印。

在 for 循环中，我们有时会用到 enumerate 函数，作用是增加一个循环变量用于存放序号，即循环执行的次数。例如，循环变量 index 被赋值为序号，另一个循环序号 name 被赋值为集合中的变量：

```
companies = ['Apple', 'Amazon', 'Google', 'FB']
for index, name in enumerate(companies):
    print("Company {} is {}".format(index, name))
```

```
Company 0 is Apple
Company 1 is Amazon
Company 2 is Google
Company 3 is FB
```

while 语句也可用于循环执行。它会不停地执行循环体，直到条件表达式的值变为
False：

```
x = 1
while x < 1000:  # 条件表达式
    print(x, end = ' \\ ')
    x *= 2
```

```
1 \ 2 \ 4 \ 8 \ 16 \ 32 \ 64 \ 128 \ 256 \ 512 \
```

while 语句需要通过某些语句人为地改变循环条件，才能使得 while 循环在合适的时
候跳出结束。因此，在使用 while 语句的时候，若稍不注意，则会出现"死循环"的问
题。例如，下边的例子中，由于没有添加相应的语句改变 a 的值，使得 a>0 这个条件永远
为 True，从而出现了"死循环"。

```
a = 2
while a > 0:
    print("a =", a)
```

```
a = 2
a = 2
a = 2
a = 2
a = 2
a = 2
a = 2
a = 2
a = 2
a = 2
a = 2
a = 2
a = 2
a = 2
a = 2
a = 2
a = 2
a = 2
a = 2
a = 2
......
```

如果有多个循环语句，如上边例子所示，可以使用嵌套语句的形式，将 while、for
进行多种组合，比如 while 嵌套 while、while 嵌套 for、for 嵌套 while 与 for 嵌套 for。并
且，循环语句也可以与条件语句结合使用。

2.6 函数

函数是代码复用的重要方式。我们把利用度高的代码段定义为一个函数后，就可以简单地通过函数调用来执行该函数的所有代码（被称为函数体）。函数在程序中是无处不在的。来看一个简单的例子：

```
def add_1(x):
    return x + 1

add_1(-1)
```
```
0
```

在这个例子中，我们使用了两个 Python 关键字——def 和 return。def 的作用是定义函数；return 的作用是把函数的一个计算结果（被称为返回值）返回给函数的调用者。变量 x 则是该函数的参数。add_1(−1) 是函数的调用过程，−1 被传递给参数 x，计算结果 x + 1 = 0 被返回。

如果没有明确地给出返回值，就是说函数直到执行完毕也没有执行 return 语句，则函数会自动返回 None 对象。例如：

```
def add_1_plus(x):
    if type(x) == int:
        return x + 1
    elif type(x) == str:
        return x + '1'
```
```
type(add_1_plus(1.0))
```
```
<class'NoneType'>
```
```
type(add_1_plus(-1))
```
```
<class'int'>
```
```
type(add_1_plus('1'))
```
```
<class'str'>
```

如果传入浮点数 1.0，则函数体中的条件语句判断都为 False，没有 return 语句被执行，则函数自动返回 None 对象；如果传入整数 −1，则返回整数类型；如果传入字符串 1，则返回字符串类型。也就是说，对于 Python 函数来说，函数返回值的数据类型是不确定的；只有当函数执行完毕，该次调用的返回值类型才能确定下来。类似地，Python 函数中参数的数据类型也是不确定的。这与 C++ 等语言是完全不一样的。

Python 函数甚至还支持多个返回值。在这里，我们分别返回了 x、x + 1 以及 x + 2，并通过前面所介绍的 format 方法将其输出：

```
def multi_return_func(x):
```

```
    return x, x + 1, x + 2

multi_return_func(1)
 (1, 2, 3)
```

```
x, y , z = multi_return_func(1)
print(f'x = {x}, y = {y}, z = {z}')

x = 1, y = 2, z = 3
```

对编程者来说，Python 的函数多返回值显然是一个优越的特性，因为你总是会遇到有多个计算结果需要返回的情况。

2.6.1　参数传递

Python 函数可以有任意确定数量的参数：

```
def multi_para_func(x, y, z):
    print(f'x = {x}, y = {y}, z = {z}')

multi_para_func(1, 2, 3)

x = 1, y = 2, z = 3
```

传递参数时，你也可以明确地指定参数的对应关系：

```
multi_para_func(1, z = 2, y = 3)

x = 1, y = 3, z = 2
```

在定义函数时，可以为参数设置默认值；调用函数时，如果没有给出默认值的参数传值，这些参数就会自动取默认值：

```
def multi_para_func2(x, y = 0, z = -1):
    print(f'x = {x}, y = {y}, z = {z}')

multi_para_func2(1, z = 2)

x = 1, y = 0, z = 2
```

值得注意的是，在函数的定义中，所有含有默认值的参数必须置于所有无默认值参数的右侧。

Python 函数还可以有可变数量的参数，这种机制由 * 参数和 ** 参数来实现：

```
def add_several_num(first, *second):
    for num in second:
        first += num
    return first


add_several_num(1)
1
```

```
add_several_num(1, 2, 3, 4, 5)
15
```

在该函数中，first 是一个常规参数，标"*"的 second 是一个可变参数，该参数也被称为 * 参数或者元组参数。可变参数可以储存任意自然数个参数；也就是说，在调用函数时，可以把任意数量个值传递给可变参数。在上例的第一次函数调用中，1 被传递给了 first 参数，没有值被传递给 second 参数。在第二次函数调用中，1 被传递给了 first 参数，2、3、4、5 四个值被传递给了 second 参数。实际上，* 参数的数据类型总是为元组类型，元组类型是一种类似列表的复杂数据类型，一个元组可以包含任意数量个数据。

除了 * 参数之外，Python 还提供了一种可变参数，即 ** 参数，也叫字典参数，我们在此不做过多的介绍。在函数的定义当中，** 参数必须置于 * 参数及常规参数的右侧，而 * 参数又必须置于常规参数的右侧。

2.6.2　Python 中的函数类别

我们在 Python 中会见到以下几种不同类别的函数，如表 2-11 所示。

表 2-11　Python 中的函数类别

类别	描　述
内建的函数	Python 内建的函数，用户不需要做任何其他操作就可以直接使用，例如 print、help 和 type 函数
标准库提供的函数	Python 标准库中模块包含的函数，用户要事先导入函数所在的模块
第三方库提供的函数	第三方库包含的函数，用户要事先安装和导入第三方库
自定义的函数	用户自定义的函数
main 函数	主函数，程序执行的入口

此前我们已经尝试使用了 Python 内建函数以及用户自定义的函数，现在我们来尝试使用 Python 标准库中模块所提供的函数。对于标准库中提供的函数，如果你不知道它的具体用法，可以使用 help 函数进行查询，可以查询一个模块，也可以查询一个具体的函数。例如，Python 标准库包含了一个提供基础科学计算功能的 math 模块，我们可以使用 help 函数对其进行如下查询：

```
help("math")
Help on built-in module math:

NAME
    math

DESCRIPTION
    This module is always available.  It provides access to the
    mathematical functions defined by the C standard.

FUNCTIONS
```

```
acos(x, /)
    Return the arc cosine (measured in radians) of x.
......
```

同样也可以使用 help 查询具体的函数，比如查询 math 模块中的 sqrt 函数：

```
help("math.sqrt")
Help on built-in function sqrt in math:

math.sqrt = sqrt(x, /)
    Return the square root of x.
```

对于具体函数的使用，我们需要先通过 import 语句导入具体的包。比如对于 math 模块，我们先将其导入：

```
import math
```

调用 math 模块中提供的向上取整、向下取整、开方和取最大公倍数功能的 ceil、floor、sqrt、gcd 函数：

```
math.ceil(3.33)
4
```

```
math.floor(3.33)
3
```

```
math.sqrt(4)
2.0
```

```
math.gcd(27, 18)
9
```

除了 math 模块，Python 标准库还提供了生成随机数的模块 random，我们可以用同样的方式将 random 导入，然后生成不同要求的随机数：

```
import random             # 导入 random 模块
```

```
random.randrange(10)    # 随机整数：0 <= x < 10
2
```

```
random.randrange(1, 10) # 随机浮点数：1 <= x < 10
5
```

```
random.randint(1, 6)    # 随机整数：1 <= x <= 6
3
```

```
random.random()         # 随机浮点数：0.0 <= x < 1.0
0.5304982148242657
```

```
random.uniform(1, 10)    # 随机浮点数：1 <= x <= 10
9.504435586532468
```

第三方库提供的函数的使用方法也类似于标准库提供的函数，只不过在导入库之前你还需要先通过 pip 工具安装第三方库。

main 函数（主函数）是程序执行的入口，也就是一个程序开始的地方。运行一个程序，其实就是调用程序的 main 函数。在 C 和 Java 当中，main 函数是必需的，用户必须明确地定义一个 main 函数；而在 Python 中，用户不一定要明确地定义一个 main 函数。下面分别是 C、Java、Python 三种语言的 Helloworld 程序，通过对比后我们很容易就可以发现三种语言之间的区别：

```c
#include<stdio.h>

int main() {
    printf("Hello world!\n");
    return 0;
}
```

```java
public class Hello {
    public static void main(String[] args) {
        System.out.println("Hello world!");
    }
}
```

```python
print("Hello world!")
```

在 Python 中，用户也可以明确地定义 main 函数，然后用一个 if 语句来调用 main 函数：

```python
def main():
    print("Hello world!")

if __name__ == "__main__":
    main()
```
```
Hello world!
```

上述代码的输出结果其实完全等价于直接调用 print 函数来打印 Hello world!。那么，我们为什么有时候还要在 Python 中明确地定义 main 函数然后进行调用呢？来看下面一个例子。我将用 Spyder 来演示这个例子，读者也可以使用其他 Python 编辑器。

打开 Spyder，新建（Ctrl + N）两个 Python 文件，并分别在其中写下以下两段代码。保存（Ctrl + S）两个文件到同一路径下，分别命名为 module1.py 和 module2.py。

```python
# module1.py

print("module1: __name__ ==", __name__)

def main():
```

```
    print("main() from module1")

if __name__ == "__main__":
    main()
```

```
# module2.py

from module1 import *

print("module2: __name__ ==", __name__)

def main():
    print("main() from module2")

if __name__ == "__main__":
    main()
```

分别运行 module1.py 和 module2.py，控制台会得到如下两个输出结果，如图 2-1 所示。

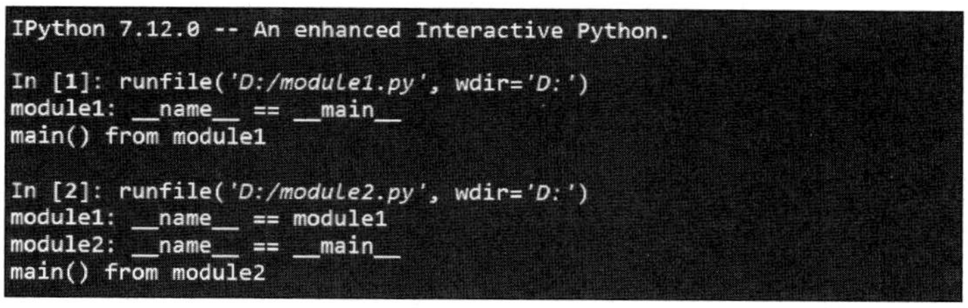

```
IPython 7.12.0 -- An enhanced Interactive Python.

In [1]: runfile('D:/module1.py', wdir='D:')
module1: __name__ == __main__
main() from module1

In [2]: runfile('D:/module2.py', wdir='D:')
module1: __name__ == module1
module2: __name__ == __main__
main() from module2
```

图 2-1　Spyder 输出结果

可以看到，直接运行 module1.py 程序时，程序的 main 函数被调用；而在 module2.py 程序中导入 module1 时，module1 的 main 函数没有被调用，但 main 函数之外的其余部分被执行了。

每一个 Python 模块（.py 文件）都既是可执行的（executable），又是可导入的（importable）。当我们运行一个 Python 程序时，我们可能会用到多个 Python 文件。例如，当我们运行 module2 时，其实就用到了 module1.py 和 module2.py 两个 Python 文件；其中，module1.py 是被导入的，而 module2.py 是被执行的。当 module1.py 被直接执行时，__name__ 变量的值为 "__main__"，故 main 函数会被调用；而当 module1.py 被导入时，__name__ 变量的值为该 Python 文件的文件名，即 module1，故 main 函数不会被调用。条件语句 if __name__ =="__main__" 正好保证了 Python 文件的 main 函数会被有选择地调用——当这个 Python 文件被直接执行时，main 函数会被调用；当这个 Python 文件被导入时，main 函数则不会被调用，但 main 函数之外的部分会照常运行。

Python 独特的 main 函数机制保证了 Python 模块既是可执行的，又是可导入的，并且在两种情况下有不同的表现（是否调用 main 函数）。当构建一个 Python 模块时，我们可以将用于功能调试的代码置于 main 函数中，这样一来，就可以单独执行这个 Python 模块进行调试，当我们在其他项目中导入这个模块时，与项目无关的调试代码则不会被执行。这种机制使得基于 Python 的程序开发变得灵活、高效。

2.6.3　作用域

Python 中的变量有两种作用域：全局和局部。一般来说，函数体内的变量都是仅对该函数中的语句可见，我们称这种变量的作用域为局部的。例如：

```
def func(x):
    x = "inner variable"

x = "outer variable"
print("Before func(x), x =", x)
func(x)
print("After func(x), x =", x)
```
```
Before func(x), x = outer variable
After func(x), x = outer variable
```

函数 func 的参数 x，就是一个仅在该函数内部可见的局部变量。在该函数外部，我们又定义了一个变量 x，该 x 的值是一个字符串对象 outer variable。当调用 func 函数时，我们只是把外部的 x 的值，也就是字符串对象 outer variable 复制给了 func 函数的参数 x。外部的 x 和函数参数 x 的作用域是不一样的，一个属于外部，一个属于 func 函数；所以这两个 x 其实是两个完全不同的变量，尽管它们名字相同且在一段时间内取值相同（都为 outer variable）。在 func 函数内部，我们把变量 x 的值修改为 inner variable。然后退出函数，查看外部的变量 x 的值，它并没有变化，仍为 outer variable，因为被修改的是函数内部的变量 x，不是外部的变量 x。

有时，你的确需要在函数内部修改函数外部变量的值，这时就可以用 global 关键字把变量的作用域修改为全局。对比以下两个例子：

```
def modify_y():
    y = 100

y = 0
modify_y()
print(y)
```
```
0
```

```
def modify_y():
    global y
    y = 100

y = 0
modify_y()
print(y)
```
```
100
```

　　在第二个例子的函数体内，先用 global 语句将变量 y 声明为全局变量，然后就可以在函数内部修改外部同名变量的值。虽然 global 关键字用起来很方便，但在程序设计当中，除非有专门的需求，否则全局变量的使用并不被推荐。

2.6.4　文档字符串

　　Python 函数有一个独特的文档字符串特性。可以在 Python 函数的函数体的开头置一个字符串作为该函数的文档字符串（DocString），用以说明该函数的功能和用途。因为关于函数使用方法的叙述（注释形式）往往要占用大量篇幅，故文档字符串一般以三引号来标识。单引号和双引号无法标识跨行的字符串，而三引号可以，所以三引号更容易满足文档字符串的篇幅要求。按照惯例，文档字符串的第一行是函数功能的整体概况，第二行为空，第三行开始为函数用法的详细介绍：

```
def empty_func():
    '''This is empty function.

    I define this function to demonstrate DocStrings.'''
    pass
```

```
help(empty_func)
```
```
Help on function empty_func in module __main__:

empty_func()
    This is empty function.

    I define this function to demonstrate DocStrings.
```

　　用 help 函数查看该自定义函数的帮助文档，展示的内容恰好包括文档字符串的内容。也可以在函数名后面添加 .__doc__ 来查看文档字符串的内容：

```
print(empty_func.__doc__)
```
```
This is empty function.

    I define this function to demonstrate DocStrings.
```

　　文档字符串是被鼓励使用的，它能够帮助函数的使用者更好地理解函数的功能和用法。

◎　小结

　　现在，你已经掌握了 Python 的基础语法和基本特性，包括数据类型、运算符、控制流语句和函数等内容。数据类型是 Python 中数据存在的形式，最基本的数据类型包括 int、float 等；控制流语句的作用是控制程序流程的分支和循环；函数的作用是将执行某个特定功能的代码块打包在一起。

下一章，我们将介绍 Python 的一些进阶语法，包括字符串类型、内建数据结构、异常处理和面向对象机制等内容。

◎ 关键概念

- **库、包与模块**：为 Python 提供扩展功能的文件或文件集合。
- **函数**：打包到一起以共同完成某项任务的代码集合。
- **函数调用**：通过函数名来执行函数体内所有代码的操作。
- **对象**：Python 中的一切实体都是对象，比如数字、字符串、列表、函数、库等。
- **变量**：数据的载体，用于指向内存中的某个对象。
- **格式控制符**：用于以特定的格式输出字符串的一类符号。

◎ 基础巩固

- 函数的递归指的是在函数体中调用这个函数自身。最经典的函数嵌套莫过于斐波纳契数列的递归算法。斐波纳契数列的定义如下：

```
fib(0) = 0, fib(1) = 1
fib(n) = fib(n - 1) + fib(n - 2), n > 1且n为整数
```

请你编写一个 fib 函数，使之利用函数递归来计算 fib(n)。
- 函数的递归并不是一个好的编程技巧。因为如果函数递归了太多次，计算机内存可能会被耗光。为了减少递归次数，我们希望函数体最多调用一次函数自身。因此，请你编写一个升级版的斐波纳契数列计算函数 fib2，使之满足以下条件：
  1）有且仅有一个参数 n，有两个返回值，分别与 fib(n) 和 fib(n − 1)；
  2）函数体只能调用一次 fib2 本身，不能调用上题的 fib 函数。

◎ 思考提升

- 迭代器（iterator）和生成器（generator）是 Python 的两个重要特性。迭代器是一种根据上下文来输出对象的对象；一个迭代器能够输出多个对象，但每次只会输出一个对象。例如，enumerate 函数就是一个迭代器。如下边例子，当我们在 for 循环中使用 enumerate 函数时，每执行一次循环，enumerate(list1) 就会返回两个返回值给 index 和 value：

```
list1 = [0, 1, 4, 9, 16]
for index, value in enumerate(list1):
    print("Element {}: {}".format(index, value))
Element 0: 0
Element 1: 1
```

```
Element 2:  4
Element 3:  9
Element 4:  16
```

　　生成器是一种包含 yield 语句的函数。在生成器中，return 关键字被替换为 yield 关键字。每当生成器被执行，它就会返回 yield 关键字后面的表达式，然后保存当前的运行状态；当再次被执行时，它会从刚才保存的状态下开始继续运行，直到下一个 yield 表达式。显然，生成器是一种迭代器。

　　请读者查阅阅读材料，学习迭代器和生成器的使用方法，然后编写一个 My-Enumerate 生成器，使之可以完成和 enumerate 函数相同的功能。

◎ 阅读材料

- **Python Package Index**：https://pypi.org/
- **Python 代码风格指导**：https://www.python.org/dev/peps/pep-0008/
- **Python 标准库文档**：https://docs.python.org/3/library/
- **format 方法使用导引**：https://realpython.com/python-formatted-output/#the-string-format-method-arguments
- **函数的可变参数**：https://www.geeksforgeeks.org/args-kwargs-python/
- **命名空间和作用域**：https://realpython.com/python-namespaces-scope/#variable-scope
- **迭代器与生成器**：https://anandology.com/python-practice-book/iterators.html

第 3 章　●━━○━━●━━○━━●

Python 语言进阶

■ 导引

本章将介绍 Python 标准库的一些进阶语法。

字符串不但是最基本的数据类型，而且有许多相关的基本操作，例如字符串的拼接、截取、大小写转换等。一个可能困惑读者的问题是，既然内存中的所有数据都是以 0 和 1 的形式存在，计算机是以怎样的规则把由 0 和 1 组成的比特流转换为字符串的？

整数、字符串等基本数据类型显然不能满足我们编程时的各类需求。例如，当我们想在 Python 程序中用到一个班级中所有同学的姓名时，如果为每个姓名都创建一个变量，如 name1、name2 直到 name40，将浪费大量的时间；我们更希望将所有这些姓名字符串打包为一个整体对象，因此，我们要用更加复杂的数据结构来存放数据，让单个对象承载更多的数据。

复杂程序中的 bug（错误 / 问题）只能尽量减少而难以完全避免。程序在运行的过程中总是会遇到突发的异常状况而中止运行，编程者的一项重要任务就是把程序异常带来的损失降到最低。在 Python 中，我们应该如何处理程序异常呢？

当构造大型的编程项目时，我们总是会采用某种编程范式来指导和规范整个项目。面向对象编程是一种经典的编程范式，我们要如何应用 Python 的语法机制来实现面向对象的程序设计呢？

■ 学习目标

- 学习字符串类型和字节类型的使用方法，了解正则表达式的规则和应用；
- 掌握 Python 的四种内建数据结构以及 Python 异常处理机制；
- 领会面向对象的编程思想，初步掌握 Python 的面向对象机制。

3.1　字符串与正则表达式

字符串是 Python 中最常见的数据类型。Python 不提供单独的字符类型，单个字符也是作为字符串存在的。Python 用引号（单引号或双引号）来创建字符串。由双引号创建的字符串内部可以包含单引号，反之亦然。我们先来看字符串的一些基本运算。

字符串的加法和乘法实际上就是字符串的拼接：

```
'Hello ' + 'world!'
```
```
'Hello world!'
```

```
"Up" * 3
```
```
'UpUpUp'
```

字符串同样也可以使用运算符号比较大小。字符串的大小是依据 ASCII 编码值进行比较的。从编码上来说，数字比字母小，字母 A 比字母 Z 小，大写字母比小写字母小。读者可自行查阅本章的阅读材料，了解 ASCII 码表所包含的字符及其编码知识。

下面是字符串大小比较的几个例子，实际上就是从左往右一对对字符的 ASCII 码比较：

```
s1 = "Hello"
s2 = "Hi"
s3 = "hi"
if s1 == "Hello":
    print(s1, "== Hello")
```
```
Hello == Hello
```

```
if s1 < s2:      # 字母 'e' 在字母 'i' 之前
    print(s1, "comes before", s2)
```
```
Hello comes before Hi
```

```
if s2 < s3:      # 字母 'H' 在字母 'h' 之前
    print(s2, "comes before", s3)
```
```
Hi comes before hi
```

我们可以用成员运算符（"in" 或 "not in"）判断一个字符串是不是另一个字符串的子串：

```
"He" in "Hello world!"
```
```
True
```

```
"World" not in "Hello world!"
```
```
True
```

用 len 函数来返回字符串的长度。注意，字符串里的空格和标点符号都属于字符串的一部分：

```
sentence = "I love Python."
len(sentence)
```

除了字符串，len 函数还可以计算各种类型数据的长度（如果这种数据类型的确有"长度"的概念），比如 3.3 节的四种数据结构（列表、元组、字典和集合）的数据的长度。

通过索引或切片操作，我们可以获取字符串的一部分：

```
sentence[7]                    # 字符串 sentence 的第 7 个元素
'P'
```

```
sentence[2: 6]                 # 字符串 sentence 的第 2-5 个元素
'love'
```

这种根据序号索引来选取对象部分元素的操作对很多数据类型都是有效的。序号也被称作元素的位置或者下标，起始元素编号为 0。如果需要对字符串进行切片操作，那么我们可以通过"字符串 [起始序号 : 结束序号 : 步长]"命令来获得切片区间（左闭右开）。再看一些例子，你就能明白索引或切片操作的灵活性：

```
sentence[7: ]                  # 字符串 sentence 的第 7 个及之后的每一个元素
'Python.'
```

```
sentence[: 6]                  # 字符串 sentence 的第 0-5 个元素
'I love'
```

```
sentence[-1]                   # 字符串 sentence 的倒数第 1 个元素
'.'
```

下面是设定了步长后每隔几个元素取一个元素的例子，第二个冒号后的数字即为所跳的步长。如果未设定步长，那么系统会默认步长为 1：

```
sentence[2: 6: 2]              # 字符串 sentence 的第 2、4 个元素
'lv'
```

```
sentence[: : 3]                # 字符串 sentence 的第 0、3、6、9、12 个元素
'Io tn'
```

```
sentence[: : -1]              # 字符串倒序
'.nohtyP evol I'
```

如果要在字符串中添加换行、Tab 之类的特殊字符，就要用到转义字符。例如，"\n"是换行符的转义字符，"\t"是 Tab 键（制表符）的转义字符，"\\"是"\"的转义字符：

```
print("换行符： \nTab： \t 反斜杠： \\")
换行符：
Tab:        反斜杠： \
```

如果不希望字符串发生任何转义，可以在整个字符串的左边添加一个 r，把这个字符串设置为自然字符串，自然字符串不会发生转义。从下面的例子中可以看到，Python 原封不动地输出了"\n""\t"和"\\"这些转义字符：

```
print(r"换行符：\nTab:\t 反斜杠：\\")
换行符：\nTab:\t 反斜杠：\\
```

str 函数和 repr 函数都可以将任意类型的数据转化为字符串，但二者是有区别的：

```
num = 2020
print(str(num))
print(repr(num))
2020
2020
```

```
s = '2020'
print(str(s))
print(repr(s))
2020
'2020'
```

当被转化的数据本来就是字符串时，str 函数和 repr 函数的转化结果是不同的。repr 函数会在原字符串的外围再加一层引号，而 str 函数不会。

我们也可以对字符串进行修改，但需要注意的是，字符串本身是不可以更改的，如果想修改字符串，只能重新创建新的字符串来达到"修改"的目的。下面这种修改方式是会报错的：

```
s = "Hello world!"
s[0] = "h"
-----------------------------------------------------------------------
TypeError                                 Traceback (most recent call last)
<ipython-input-4-792e0e5580a1> in <module>
      1 s = "Hello world!"
----> 2 s[0] = "h"

TypeError: 'str' object does not support item assignment
```

下面这种操作方式是正确的，我们可以看到，通过创建新字符串，实现了对字符串的"修改"：

```
s = "hello world!"
print("s:", s)
s: hello world!
```

```
s = "HELLO WORLD!"
print("s:", s)
s: HELLO WORLD!
```

```
s1 = s[0] + "ello world" + s[11]
print("s1:", s1)
s1: Hello world!
```

我们也可以使用字符串方法的 replace 函数对字符串进行修改，具体的语法是

replace(oldS, newS)，即将指定字符串中的 oldS 部分全部用 newS 替代；若 oldS 不存在，则不做任何替换：

```
s1 = "ABCABCABC"
n1 = s1.replace("BC", "bc")
print(n1)
s2 = "ABCABCABC"
n2 = s2.replace("BCD", "bcd")
print(n2)
```
```
AbcAbcAbc
ABCABCABC
```

3.1.1　字符串方法

接下来介绍字符串类型的一些常用方法。

split 方法的作用是将一个字符串按照特定的分隔符切割成多个子串，语法格式为"字符串 .split(分隔符 , 分割次数)"。当没有指定分割次数时，分割次数将没有限制，且 Python 将返回分割后的字符串列表。

在这里我们指定句号为分隔符，将字符串 url 分割成了 3 个字符串：

```
url = 'https://www.google.com/'
url.split('.')
```
```
['https://www', 'google', 'com/']
```

当我们指定分割次数时，返回的结果也发生了变化：

```
url = 'https://www.google.com/'
url.split('.',1)
```
```
['https://www', 'google.com/']
```

在 split 方法中，默认的分隔符是空字符串，也就是任意数量个空格、换行和制表符：

```
s = "This \t\n is very      interesting"
print(s)
s.split()
```
```
This
 is very      interesting
['This', 'is', 'very', 'interesting']
```

除了 split 方法以外，我们也可以用前面讲到的字符串切片方法对原字符串进行切割。但与 split 方法相比，当字符串较长时，通过序号切片的方法就不太适用了。

合并字符串我们可以通过 join 方法实现。join 方法的语法格式为"字符串 .join(字符串序列)"。在这里，我们将字符串序列 words 里的字符串合并为了一个字符串：

```
words = ('This','is','very','interesting')
s = ' '.join(words)
```

```
print(s)
This is very interesting
```

当然，合并字符串也可以通过加法进行合并，但是该方法同样存在局限性：

```
a = "This"
b = "is "
c = "very "
d = "interesting"
a + ' ' + b + c + d
```
```
'This is very interesting'
```

在这里，我们合并了 4 个字符串。我们可以发现，如果字符串中没有空格符，那么用加法合并字符串时需要另外添加空格符，这相比于 join 方法而言没有那么便捷。同时，当需要合并的字符串数量增加时，加法也不能高效地完成字符串的合并。

字符串的 count 方法的作用是统计字符串中某个子字符串的出现次数。count 方法的语法格式为"字符串 .count(子字符串 , 起始序号 , 结束序号)"。下面是 count 方法的使用例子：

```
url = 'https://www.google.com/'
url.count('/')
```
```
3
```

也可以仅对字符串的一部分进行统计。比如，统计字符串 url 从第 5 个字符到倒数第 3 个字符中出现"/"字符的次数：

```
url = 'https://www.google.com/'
url.count('/', 5, -3)
```
```
2
```

ljust、rjust、center 方法的作用分别是在字符串的右侧、左侧、两侧填充字符，以实现左对齐、右对齐或者居中对齐。ljust 方法的语法格式为"字符串 .ljust（长度 , 填充字符）"。当没有特别定义填充字符时，默认填充空格符。rjust 方法和 center 方法的语法格式与 ljust 方法类似。下面是 rjust 和 center 方法的使用例子：

```
slogan1 = "Let us keep going"
slogan2 = "Come on!"

print(slogan1.rjust(30, '_'))
print(slogan2.rjust(30, '_'))
```
```
_____Let us keep going
_____Come on!
```

```
print(slogan1.center(30))
print(slogan2.center(30))
```
```
      Let us keep going
          Come on!
```

startswith 和 endswith 方法的作用是检测字符串是否以指定字符串开始或结尾。start-swith 方法的语法格式为"字符串 .startswith(指定字符串 , 起始序号 , 结束序号)"。endswith 方法的语法格式与 startswith 方法类似。当指定字符串为字符串的开头或结尾时，Python 将返回 True，否则返回 False：

```
slogan1.startswith('Let')
True
```

```
slogan2.endswith('on!')
True
```

find 和 rfind 方法用于检查输入的字符串是否在指定字符串中，语法格式为"字符串 .(r)find(指定字符串 , 起始序号 , 结束序号)"。如果指定字符串存在，则输出最先出现的位置；如果不存在则输出 –1。rfind 与 find 方法唯一的区别在于 find 方法是从左向右查找，而 rfind 方法是从右向左查找：

```
s = "ABCABCABC"
n1 = s.find("ABC")
print(n1)
0
```

```
n2 = s.rfind("ABC")
print(n2)
6
```

```
n3 = s.find("BCD")
print(n3)
-1
```

```
n4 = s.rfind("BCD")
print(n4)
-1
```

upper 方法的作用是将小写字母全部转换为大写字母，语法格式为"字符串 .upper()"，没有参数。lower 方法的语法格式与 upper 方法类似，作用是将大写字母全部转换为小写字母：

```
slogan1.upper()
'LET US KEEP GOING'
```

```
slogan2.lower()
'come on!'
```

lstrip、rstrip、strip 方法的作用分别是删除字符串左侧、右侧和两侧的指定字符串。strip 方法的语法格式为"字符串 .strip(指定字符串)"，lstrip 和 rstrip 方法的语法格式与其类似。当没有指定需要删除的字符串时，Python 将默认删除左侧、右侧和两侧的空格：

```
s = "        China!!!"
s.lstrip()

'China!!!'
```

isalpha、isdigit、isspace、islower、isupper 方法分别用于检查指定的字符串中的字符是否全是字母、数字、空白、小写、大写。当检测的字符串中的字符全为相应类型字符，则返回 True，否则返回 False，这五个方法都没有参数。具体例子如下：

```
s1 = "ABCABCABC"
n1 = s1.isalpha()
print(n1)
s2 = "1A2B3C"
n2 = s2.isalpha()
print(n2)

True
False
```

```
s3 = "123456"
n3 = s3.isdigit()
print(n3)
s4 = "1A2B3C"
n4 = s4.isdigit()
print(n4)

True
False
```

```
s5 = "1A+2B-3C?4D!5E="
n5 = s5.isspace()
print(n5)
s6 = " \t \v \n \f "
n6 = s6.isspace()
print(n6)

False
True
```

```
s7 = "ABCABCABC"
n7 = s7.islower()
print(n7)
s8 = "abcabcabc"
n8 = s8.islower()
print(n8)

False
True
```

```
s9 = "AbCAbCAbC"
n9 = s9.isupper()
```

```
print(n9)
s10 = "ABCABCABC"
n10 = s10.isupper()
print(n10)
```
```
False
True
```

注意，以上的所有字符串方法都不会修改原来的字符串对象，只会返回新的对象。因此，我们需要另外生成新的变量，对其进行赋值，才能成为新字符串的载体。

3.1.2 字符编码与 bytes 类型

在计算机内存当中，所有数据都是以二进制码的形式储存。倘若要把文本储存在内存中，或者要从内存中读取文本，我们就需要建立一套字符和二进制码之间的映射表，也就是编码。

早期计算机采取的编码是 ASCII 编码。ASCII 码将一个字符编码为一个 byte（字节）的二进制码；也就是说，ASCII 码只能给 2 ^ 8 = 256 个字符提供编码，这显然不足以包括世界上每种语言的每一个字符。后来，人们又发明了 Unicode 编码，这个编码不仅兼容了 ASCII 码，还编入了人类所使用的所有语言中的所有字符。在 Unicode 码中，一个字符通常被编码为两个 bytes。为了解决 Unicode 编码浪费储存空间的问题，人们又根据 Unicode 设计了可变长度的编码 utf-8。utf-8 用 1—4 个 bytes 编码字符，会根据不同的字符来决定编码的长度。

目前的计算机内存统一使用 Unicode 编码，硬盘数据和传输中的数据则会采用 utf-8 编码。目前的大多数网站都会采用 utf-8 编码，国内的部分网页也会采用 GBK[⊖]编码。Python 3 把 utf-8 作为默认的编码方式。

每个字符都有自己的二进制编码，也就是说，每个字符都与一个整数相对应。Python 提供了一个 ord 函数用于查看字符的整数编码和一个 chr 函数用于查看整数所编码的字符：

```
ord('清')
```
```
28165
```

```
chr(28165)
```
```
'清'
```

调用字符串对象的 encode 方法，将字符串编码为 bytes 对象，也就是字符串在某种编码方式下对应的二进制码。前缀 b 表示 bytes 对象：

```
str_obj = "中国"
bytes_obj = str_obj.encode('utf-8')
bytes_obj
```
```
b'\xe4\xb8\xad\xe5\x9b\xbd'
```

⊖　GBK 的全称是《汉字内码扩展规范》。

调用 bytes 对象的 decode 方法，按照某种编码方式将二进制码解码为字符串：

```
bytes_obj.decode('utf-8')
'中国'
```

```
bytes_obj.decode('utf-16')
'룤\ue5ad뷦'
```

虽然现在大家越来越习惯于 utf-8 编码的使用，但由于历史的原因，我们还是会经常碰到其他编码方式的数据或者乱码的文件。Python 的 bytes 类型和编码解码机制能够帮我们解决这类字符的编码问题。

3.1.3　正则表达式

正则表达式（regular expression）是用来匹配满足特定规则的字符串的一种表达式。人们在处理文本数据时，经常碰到以下情况：需要在文本中找出符合某种复杂规则的字符串。正则表达式是一些事先规定好含义的特殊字符组成的规则字符串，被用来匹配所有满足其规则的文本字符串。

现在我们来介绍正则表达式的基本语法，正则表达式的一些元字符如表 3-1 所示。

表 3-1　正则表达式的一些元字符

元字符	作　用
.	匹配换行符之外的任意字符
\b	匹配单词的开始或结束
\d, \D	匹配数字；匹配非数字
\s, \S	匹配空字符，即空格、制表符和换行符；匹配非空字符
\w, \W	匹配字母、数字、下划线或汉字；匹配非字母、数字、下划线或汉字
^	匹配字符串的开始
$	匹配字符串的结束
|	或
[]	区间，比如，[0-9] 等价于 \d，[A-Z] 匹配任意大写英文字母
()	分组

重复限定元字符的作用是指定某种字符的出现次数如表 3-2 所示。

表 3-2　正则表达式的重复限定元字符

元字符	作　用
{n}	匹配 n 次，比如，正则表达式 !{2} 可以匹配 China!! 中的 !!
{n, }	匹配至少 n 次，比如，正则表达式 !{2} 可以匹配 China!!! 中的 !!!
{n, m}	匹配 n—m 次
*	匹配任意次，等价于 {0, }
+	匹配至少 1 次，等价于 {1, }
?	匹配 0 次或 1 次，等价于 {0, 1}

下面来看一些用上述元字符构造正则表达式的例子：

- 首位非零的六位数：[1-9]\d{5}
- 以 19 或 20 开头的四位数：(19|20)\d{2}
- 01 ～ 12：((0[1-9])|(10|11|12))
- 01 ～ 31：(([0-2][1-9])|10|20|30|31)
- 四位数，末位可替换为 X：\d{3}[0-9X]

实际上，上述五个正则表达式匹配到的字符串拼接在一起就是一个合法的身份证号。如果你要从一大段文本中提取所有的身份证号，就可以构造一个合法身份证号的正则表达式来进行匹配。

现在，我们回到 Python。在 Python 中，如果给定一个字符串，该如何利用正则表达式匹配到符合某种规则的字符串呢？ Python 标准库提供了正则表达式模块 re 来进行正则匹配。先导入 re 模块：

```
import re
```

调用 re.findall 函数，传入一个正则表达式和一个字符串进行正则匹配，返回值是由所有匹配到的子串组成的列表：

```
re.findall(r'[1-9]\d{5}', "100100  099999 518000")
```
```
['100100', '518000']
```

也可以先调用 re.compile 方法，把正则表达式编译为 Pattern 对象，再调用 Pattern 对象的 findall 函数：

```
pattern = re.compile(r'[1-9]\d{5}')
pattern.findall("100100  099999 518000")
```
```
['100100', '518000']
```

```
type(pattern)
```
```
<class're.Pattern'>
```

Pattern 对象 match 方法的第二个参数是 pos 参数，用于设置的是开始查找的位置，该参数的默认取值为 0。若匹配失败，则返回 None；若匹配成功，则返回一个 match 对象：

```
pattern.match("100100  099999 518000")
```
```
<re.Match object; span=(0, 6), match='100100'>
```

match 对象的 group 方法、start 方法、end 方法分别返回匹配到的子串、子串在原字符串中的起始位置和结束位置：

```
match = pattern.match("100100  099999 518000")
match.group()
```
```
'100100'
```

```
match.start()
```

```
0
```

```
match.end()
6
```

也可以把 pos 参数设为其他值：

```
pattern.match("100100  099999 518000", pos = 15).group()
'518000'
```

需要注意的是，match 方法所匹配的子串必须是原字符串 pos 位置开始的子串。pattern 对象的另一个 search 方法则不同，search 方法会检测从 pos 位置开始的以及 pos 位置之后开始的所有子串。所以，当 pos = 1 时，match 方法匹配失败，而 search 方法可以匹配到"518000"子串：

```
type(pattern.match("100100  099999 518000", pos = 1))
<class'NoneType'>
```

```
pattern.search("100100  099999 518000", pos = 1).group()
'518000'
```

3.2　数据结构

数据结构（data structure）是指相互之间存在特定关系的数据的集合。int、float 等基本数据类型的数据只是单个数据，故一般不被称为数据结构；字符串、列表这样的元素集合才能被称为数据结构。本节我们将介绍 Python 标准库提供的四种数据结构：列表、元组、字典和集合。列表、元组和上一节介绍的字符串又被统称为序列。

3.2.1　列表

列表（list）是一种可变的数据结构。也就是说，对于某个列表对象，我们可以修改其中的元素。我们用中括号或者 list 函数来生成列表，列表内部的每个元素不一定是相同的数据类型：

```
list1 = ['Apple', 'Amazon', 123]      # 通过中括号生成列表
list1
['Apple', 'Amazon', 123]
```

```
words = ('Apple', 'Amazon', 123)      # 通过 list 函数生成列表
list1 = list(words)
print(list1)
['Apple', 'Amazon', 123]
```

所有的序列都有加法、乘法、索引、切片等操作。列表的这些操作和字符串非常类似：

```
list1 + ['Google']
```
```
['Apple', 'Amazon', 123, 'Google']
```

```
list1 * 2
```
```
['Apple', 'Amazon', 123, 'Apple', 'Amazon', 123]
```

```
list1[-1]
```
```
123
```

```
list1[1:]
```
```
['Amazon', 123]
```

其中，通过元素序号选择序列中的某个元素的操作被称为索引操作；通过元素序号选择序列中的一连串元素的操作被称为切片操作。

列表是可变的数据结构，我们可以在列表当中增加或删减元素。列表对象的 append 方法可以把一个新元素加到列表的末尾，语法格式为"列表 .append(新元素)"。注意，append 方法无返回值，但是会修改原来的列表：

```
list1.append('Google')
list1
```
```
['Apple', 'Amazon', 123, 'Google']
```

列表对象的 insert 方法可以把新元素插入到列表的任意指定位置。insert 方法的语法格式为"列表 .insert(序号 , 新元素)"。同样地，insert 方法不存在返回值，但是会修改原来的列表：

```
list1.insert(0, 'Microsoft')
list1
```
```
['Microsoft', 'Apple', 'Amazon', 123, 'Google']
```

从计算的复杂度来说，insert 方法要比 append 方法复杂得多。append 方法只能把新元素放到列表的末尾，并没有改变原有元素在内存中存放的位置；insert 方法如果没有把新元素放在末尾，则要将一部分原有元素向后挪动，也就要改变原有元素在内存中存放的位置。

extend 方法的作用则是把另一个列表连接到列表的末尾，这与列表的加法很相似：

```
list1.extend(['Google', 'Google'])
list1
```
```
['Microsoft', 'Apple', 'Amazon', 123, 'Google', 'Google', 'Google']
```

列表也可以进行复制操作，最简单的是直接使用等号进行复制，还有一个专门用于列表复制的 copy 方法，使用方法如下：

```
numbers1 = [1, 2, 3, 4]
numbers2 = numbers1.copy()
print("numbers1:", numbers1)
print("numbers2:", numbers2)
```
```
numbers1: [1, 2, 3, 4]
numbers2: [1, 2, 3, 4]
```

用于移除元素的方法是 pop 和 remove。我们首先来讲 pop 方法。pop 方法的作用是移除任意指定位置的元素，并返回被移除的元素，语法格式为"列表 .pop(序号)"。默认情况下，pop 方法会移除列表末尾的元素。注意，pop 方法不仅会返回被移除的元素，还会改变原列表：

```
list1 = ['Apple', 'Amazon', 123, 'Google','Google']
list1.pop()        # 删除末尾元素
'Google'
```

```
list1.pop(0)       # 删除首个元素
'Apple'
```

```
list1
```

```
['Amazon', 123, 'Google']
```

remove 方法则是移除列表中指定元素的第一个匹配项，而非指定位置的元素。因此，即便指定元素在列表中存在多份，remove 方法也只会移除第一个。remove 方法的语法格式为"列表 .remove(指定元素)"。与 pop 方法不同的是，remove 方法没有返回值，但同样会改变原列表：

```
list1 = ['Apple', 'Amazon', 123, 'Google','Google']
list1.remove('Google')
list1
```

```
['Apple', 'Amazon', 123, 'Google']
```

如果 remove 方法的指定元素并不存在于列表中，则会抛出异常：

```
list1.remove('Microsoft')
---------------------------------------------------------------------
ValueError                                Traceback (most recent call last)
<ipython-input-34-29aaef66391c> in <module>
----> 1 list1.remove('Microsoft')

ValueError: list.remove(x): x not in list
```

除了 remove 方法，del 命令也可以用于删除列表中的元素。del 命令与 pop 方法较为类似，它是给定删除元素的位置，将它从列表中找到并删除。但是，del 命令没有返回值，只会删除原列表中的元素：

```
letters = ['a', 'b', 'c', 'd', 'e']
del letters[1]
print("letters:", letters)
letters: ['a', 'c', 'd', 'e']
```

如果需要一次性删除列表中的所有元素，使用 clear 方法会更加快捷高效：

```
numbers = [1, 2, 3, 4]
print(numbers)
```

```
numbers.clear()
print(numbers)
```
```
[1, 2, 3, 4]
[]
```

列表的 sort 方法的作用是对列表中的元素重新排序。语法格式为"列表 .sort(排序函数 , 排序规则)"。默认排序方式和排序规则分别为比较元素数值大小和升序：

```
list1 = ['Apple', 'Amazon', 'Google']
list1.sort()                    # 升序
list1
```
```
['Amazon', 'Apple', 'Google']
```

通过设置 reverse 参数为 True，可以将 sort 方法的排序规则设置为降序：

```
list1.sort(reverse = True)      # 降序
list1
```
```
['Google', 'Apple', 'Amazon']
```

默认情况下，sort 函数比较元素的数值大小或字典序来进行排序。你也可以把 key 参数设置为你定义的排序函数。sort 方法会把该排序函数作用于列表的每个元素，通过比较各返回值来对列表元素进行排序。下面的例子则是根据列表中元素的平方值进行排序的：

```
def square(x):
    return x * x
list2 = [-3, -1, 2, 4]
list2.sort(key = square)
list2
```
```
[-1, 2, -3, 4]
```

如果想将列表的元素倒置，直接使用 reverse 方法即可：

```
numbers = [3, 2, 5, 1, 4]
numbers.reverse()
print(numbers)
```
```
[4, 1, 5, 2, 3]
```

列表和字符串是可以相互转化的，将字符串转化为列表有两种方式，分别是 list 函数和 split 函数，两者有略微的区别。list 函数将字符串的每个字符当作一个元素拆开组成新的列表，但是 split 函数可以指定分隔符进行分割组成新的列表（当不指定的时候默认为空格符、制表符、换行符等空白字符），如下所示：

```
s = "Hello"
lst = list(s)
print(lst)
```
```
['H', 'e', 'l', 'l', 'o']
```

```
s = "How do you do"
lst = s.split()  # 默认分隔符：任意类型的空白字符
print(lst)
```

```
['How', 'do', 'you', 'do']
```

不过，如果 list 函数的对象是一个字符串序列，那么 Python 就不会将字符串的每个字符进行拆分，而是会根据字符串序列的每个元素进行拆分。

将列表转化为字符串的是 join 函数，该方法在上一节讲解字符串方法时曾提到过。join 函数的用法和 split 方法类似，也可以指定分隔符将列表中的每个元素连接为新的字符串，默认的分隔符为空白符号：

```
lst1 = ['How', 'do', 'you', 'do']
separator1 = ""  # 空白符号
s1 = separator1.join(lst1)
print(s1)
```

```
Howdoyoudo
```

```
lst2 = ['How', 'do', 'you', 'do']
separator2 = " " # 空格符
s2 = separator2.join(lst2)
print(s2)
```

```
How do you do
```

3.2.2　元组

元组（tuple）是一种不可变的序列数据结构。我们可以用小括号创建元组，也可以省略小括号：

```
tup = (9, 16, 25)

tup = 9, 16, 25
```

在创建元组的时候，如果只有一个元素并且是字符串，需要在末尾加一个逗号，否则创建变量的类型是字符串。下面例子中第一种创建方式的括号最后有一个逗号，变量类型是 tuple，但是第二种创建方式没有逗号，变量类型是 str：

```
tup1 = ("red",)  # 末尾添加一个逗号
print(type(tup1))
```

```
<class 'tuple'>
```

```
tup2 = ("red")   # ("red") 被认为是一个表达式
print(type(tup2))
```

```
<class 'str'>
```

还可以调用 tuple 函数，依据其他序列（如列表）来生成元组：

```
tup = tuple([[9, 16, 25], 36, 49])
```

```
tup
```
```
([9, 16, 25], 36, 49)
```

元组作为一种序列，也有加法、乘法、索引和切片操作，与列表很相似，此处不再过多赘述。

元组不能修改，组成元组的元素对象是固定的，即你不能把元组的元素从一个对象变为另一个对象；但是，元组的元素对象自身是可以修改的。例如：

```
tup[0].insert(0, 4)
tup
```
```
([4, 9, 16, 25], 36, 49)
```

可以一次性地把元组的每个元素分别赋值给相应数量个变量，这个操作被称为拆包：

```
x, y, z = tup
print(f"x = {x}, y = {y}, z = {z}")
```
```
x = [4, 9, 16, 25], y = 36, z = 49
```

实际上，其他的序列数据结构也有拆包操作：

```
x, y, z = 'THU'
print(f"x = {x}, y = {y}, z = {z}")
```
```
x = T, y = H, z = U
```

通过拆包，我们可以快速实现多个变量值的交换：

```
x, y, z = y, z, x
print(f"x = {x}, y = {y}, z = {z}")
```
```
x = H, y = U, z = T
```

zip 函数的作用是依据两个长度相等的序列生成一个新的序列，新序列的每个元素都是一个二元元组，元组的两个元素分别来自两个序列：

```
list1 = ['Google', 'Apple', 'Amazon']
list(zip(list1, tup))
```
```
[('Google', [4, 9, 16, 25]), ('Apple', 36), ('Amazon', 49)]
```

之前介绍的 enumerate 函数其实与 zip 函数很类似，只不过 enumerate 函数相当于直接以 range 函数作为两个序列中的其中一个：

```
list(enumerate(tup))
```
```
[(0, [4, 9, 16, 25]), (1, 36), (2, 49)]
```

当我们在 for 语句中应用 enumerate 函数时，其实是对 enumerate 函数返回的每一个元组进行拆包：

```
for index, value in enumerate(tup):
    print("Element {}: {}".format(index, value))
```
```
Element 0: [4, 9, 16, 25]
```

```
Element 1: 36
Element 2: 49
```

你可能会注意到，enumerate 函数和 zip 函数的直接返回值很奇怪。事实上，这两个函数的返回对象都是迭代器。本书不介绍迭代器；如果读者有兴趣，不妨自行查阅资料。

3.2.3　字典

字典（dictionary）是一种可变的用于存放键值对的数据结构，数据格式为"字典 = { 键 : 值 }"。也就是说，字典的元素是成对出现的，一对元素包括一个键（key）和一个值（value）。字典的键相当于列表元素的序号，而字典的值就相当于列表元素的值。

我们可以用大括号来创建字典：

```
dic = {'Age': 99, 'Gender': 'Male', 'Offsprings': ['Tom', 'John']}
```

也可以用 dict 函数来创建字典：

```
list1 = ['Google', 'Apple', 'Amazon']
dict(enumerate(list1))
```
```
{0: 'Google', 1: 'Apple', 2: 'Amazon'}
```

与列表类似，字典可以通过元素的键实现索引、查看、修改和增加元素等操作：

```
dic['Age']
```
```
99
```

```
dic['Birth Year'] = 1921
dic
```
```
{'Age': 99,
 'Gender': 'Male',
 'Offsprings': ['Tom', 'John'],
 'Birth Year': 1921}
```

字典对象的 update 方法可以把另一个字典添加到原字典中，这和列表的 extend 方法很相似。update 方法的语法格式为"字典 .update(新字典)"。update 方法也不存在返回值，但会改变原字典：

```
dic.update({'Nationality': 'CHN'})
dic
```
```
{'Age': 99,
 'Gender': 'Male',
 'Offsprings': ['Tom', 'John'],
 'Birth Year': 1921,
 'Nationality': 'CHN'}
```

与列表类似，字典也可以通过 pop 方法删除指定键的元素，语法格式为"字典 .pop(指定键)"。pop 方法会删除指定键的元素，并返回被删除的元素的值：

```
dic.pop('Offsprings')
```
```
['Tom', 'John']
```

```
dic
```
```
{'Age': 99, 'Gender': 'Male', 'Birth Year': 1921, 'Nationality': 'CHN'}
```

同样地，del 命令也可被应用于字典当中。del 命令和 pop 方法类似，虽然都能够删除指定键的元素并修改原字典，但是 del 命令没有返回值：

```
del dic['Gender']
dic
```
```
{'Age': 99, 'Birth Year': 1921, 'Nationality': 'CHN'}
```

字典对象的 keys 方法和 values 方法可分别用来查看字典对象的所有键和所有值。二者的直接返回对象是迭代器，我们要用 list 函数将迭代器转化为列表：

```
list(dic.keys())
```
```
['Age', 'Birth Year', 'Nationality']
```

```
list(dic.values())
```
```
[99, 1921, 'CHN']
```

也可以使用 items 方法查看所有字典对象，我们使用 list 将之转化为列表：

```
dt = {"p":"pear", "o":"orange", "a":"apple"}
its = list(dt.items())   # 获取字典对象并转化为列表
print(its)
```
```
[('p', 'pear'), ('o', 'orange'), ('a', 'apple')]
```

有的时候我们需要遍历字典，就可以使用上述三个函数加上 for 循环进行：

```
dt = {"p":"pear", "o":"orange", "a":"apple"}
for key,value in dt.items():
    print(key, value)
```
```
p pear
o orange
a apple
```

```
for key in dt.keys():
    print(key, dt[key])
```
```
p pear
o orange
a apple
```

```
for val in dt.values():
    print(val)
```
```
pear
orange
apple
```

字典对象的键只能是不可变的对象，如数值、字符串或元组对象，而不能是列表之类的可变对象：

```
dic[('Gender')] = 'Male'
dic
```

```
{'Age': 99, 'Birth Year': 1921, 'Nationality': 'CHN', 'Gender': 'Male'}
```

```
dic[['Gender']] = 'Male'
-------------------------------------------------------------------
TypeError                                 Traceback (most recent call last)
<ipython-input-85-bf0e2569da56> in <module>
----> 1 dic[['Gender']] = 'Male'

TypeError: unhashable type: 'list'
```

字典中的元素是没有顺序的；或者说，虽然字典中的元素在底层存在某种排序，但这个排序对编程者是不可见的。因此，字典是没有排序方法的。

字典经常用作计数器，下面的例子就是计算字符串 txt 中每个英文字母出现的次数，使用 for 循环遍历字符串 txt，如果该字母已经在字典中则对应的值加一，如果该字母不在字典中则创建新的字典元素加入字典中：

```
txt = "abcdefgbcdefgcdefgdefgefgfg"
dt = dict()
for c in txt:
    if c not in dt:
        dt[c] = 1 # Add a new item
    else:
        dt[c] = dt[c] + 1
print(dt)
```

```
{'a': 1, 'b': 2, 'c': 3, 'd': 4, 'e': 5, 'f': 6, 'g': 6}
```

3.2.4 集合

集合（set）是一种可变且不含重复元素的数据结构。我们可以用大括号或者 set 函数来创建集合。需要注意的是，如果要创建一个空的集合，那么必须得用 set() 而不是"{}"，因为通过"{}"创建出来的是一个空字典而非空集合：

```
set1 = {'a', 'b', 'c', 'c'}
set2 = set(['b', 'c', 'd', 'd'])
print(set1)
print(set2)
```

```
{'a', 'c', 'b'}
{'c', 'd', 'b'}
```

```
dict1 = {}                   # 空字典
type(dict1)
```

```
dict
```

```
set3 = set()                 # 空集合
type(set3)
```

```
set
```

set 函数也可以用于类型转化，下面的例子就是将字符串类型和列表类型转化为 set：

```
lst = [1, 2, 3, 1, 2, 3]
st = set(lst)
print(st)
```

```
{1, 2, 3}
```

```
txt = "abcabc"
st = set(txt)
print(st)
```

```
{'a', 'c', 'b'}
```

和字典的键一样，集合中的元素也必须是不可变的对象。也就是说，集合中的元素只能是数字、字符串或元组之类的不可变的对象，而不能是列表或字典之类的可变对象：

```
set4 = {(1,2,3)}
print(set4)
```

```
{(1, 2, 3)}
```

```
set4 = {[1,2,3]}
```

```
---------------------------------------------------------------------
TypeError                               Traceback (most recent call last)
<ipython-input-99-44782f3a3e17> in <module>
----> 1 set4 = {[1,2,3]}

TypeError: unhashable type: 'list'
```

集合同样也有属于自己的内嵌方法。比如说，集合的 add、remove 和 clear 方法的作用分别是添加、删除、清空集合元素：

```
set1.add('e')
set1
```

```
{'a', 'b', 'c', 'e'}
```

```
set1.remove('c')
set1
```

```
{'a', 'b', 'e'}
```

```
set1.clear()
set1
```

```
set()
```

数学中集合的所有运算，在 Python 集合中都有对应的操作，如表 3-3 所示。

表 3-3　Python 集合操作

操作	描述
a.union(b), a | b	a 与 b 的并集

（续）

操作	描述
a.intersection(b), a & b	a 与 b 的交集
a.difference(b), a − b	a 与 b 的差集
a.symmetric_difference(b), a ^ b	a 与 b 的对称差
a.issubset(b)	若 a 是 b 的子集，返回 True，否则返回 False
a.issuperset(b)	若 a 包含 b，返回 True，否则返回 False

例如，集合对象的 union 方法和 intersection 方法的作用分别是求两个集合的并集和交集：

```
set1 = {'a', 'b', 'c', 'c'}
set2 = {'b', 'c', 'd'}
set1.union(set2)        # 并集
```
```
{'a', 'b', 'c', 'd'}
```

```
set1.intersection(set2)# 交集
```
```
{'b', 'c'}
```

Python 提供了一种用 for 循环语句快速创建列表、字典或集合的方法，即从一个被遍历对象中取出所有元素，对每个元素做某种运算，将所有的运算结果组建为列表、字典或集合：

```
['element_' + x for x in set1.union(set2)]
```
```
['element_d', 'element_b', 'element_a', 'element_c']
```

3.3 异常处理

异常（Exception）是程序执行过程中发生的影响程序正常执行的事件。异常如果没有被捕获并妥善处理，将导致程序中止运行。Python 的 try/except 语句正是用来捕获和处理异常的。try/except 语句的完整语法如下：

```
try:
    #do something
    pass
except:
    #do something to solve the problem
    pass
else:
    #do something if everything is ok
    pass
finally:
    #do something
    pass
```

其中，try 子句和 except 子句是必需的。try 子句代码块是我们希望执行的有可能抛出异常的代码，except 子句代码块是用来处理异常的代码。当 try 子句代码块的确抛出了异常，程序会先回到执行 try 子句之前的状态，然后跳至 except 子句。如果 try 子句代码块正常地执行完毕，控制流就会跳至 else 子句。执行完 except 子句或者 else 子句的代码块后，控制流跳至 finally 代码块。else 子句和 finally 子句不是必需的。

也就是说，try 子句和 finally 子句（如果存在）是一定会被执行的，而 except 子句和 else 子句有且仅有一个会被执行。

下面是一个 try/except 语句的使用例子。由于变量 undefined_var 没有事先被定义，因此在给变量 var 进行赋值时，Python 出现了 NameError 异常。

```
var = undefinded_var
--------------------------------------------------------------------
NameError                                Traceback (most recent call last)
<ipython-input-71-680a1e439a74> in <module>
----> 1 var = undefinded_var

NameError: name 'undefinded_var' is not defined
```

针对这个问题，我们通过 try/except 语句，对异常进行处理。如果出现异常，则输出字符串 "Catch an Error!"；否则，输出字符串 "Everything's ok."：

```
try:
    var = undefinded_var
except:
    print("Catch an Error!")
else:
    print("Everything's ok.")
Catch an Error!
```

Python 还定义了许多不同类型的异常。try/except 语句可以根据不同的异常类型制定不同的异常处理策略。因此，在这里我们给不同的异常类型提供了不同的处理方法。当出现 NameError 异常时，输出字符串 Catch a NameError!：

```
try:
    var = undefinded_var
except TypeError:
    print("Catch a TypeError!")
except NameError:
    print("Catch a NameError!")
else:
    print("Everything's ok.")
Catch a NameError!
```

Python 中常见的异常类型如表 3-4 所示。

表 3-4　Python 常见异常类型

异常类型	描述
NameError	试图访问一个未被声明的变量

（续）

异常类型	描述
TypeError	传入对象类型与要求不符
SyntaxError	出现语法错误
ImportError	无法通过 import 语句导入模块或包
KeyError	试图访问字典里不存在的键
IndexError	索引超出了序列范围
ValueError	传入无效的参数
IndentationError	缩进错误
ZeroDivisionError	除或取模零引发的错误
MemoryError	内存错误

在编写大型程序时，一定要注意容错机制的构建，最好把容易抛出异常的代码段置于 try/except 语句中，以防止异常影响整个程序的执行。

3.4　面向对象的程序设计

面向对象的程序设计（object oriented programming）是一个基于对象概念的经典的编程范式。许多主流的编程语言，如 C++、Java、Python 等，都是多范式的编程语言，而它们支持的编程范式往往包括面向对象编程。支持面向对象编程的编程语言被称为面向对象的编程语言。Python 就是一个典型的面向对象的编程语言。

所谓**对象**（object），就是一个抽象化的实体。例如，当我们要实现做炸鸡的流程，就可以把"做法的流程"这个实体抽象化为一个名为 fried_chicken 的对象。

每个对象都拥有自己的属性和功能。属性就是对象的一些性质，功能就是对象能够执行的一些动作。例如，我们可以把需要做的菜抽象为 fried_chicken 对象的 dish 属性，把选菜、洗菜、切菜、炒菜四个动作分别抽象为 fried_chicken 对象的 choose、wash、chop、fry 四个功能；其中，choose 功能就是把 dish 属性设置为 Fried Chicken。

于是，在面向对象思想下，做炸鸡的流程为"创建 fried_chicken 对象→ fried_chicken.choose → fried_chicken.wash → fried_chicken.chop → fried_chicken.fry"。

主流的面向对象编程语言往往又都是基于类的概念来实现面向对象编程的。所谓**类**（class），就是对象所属的类型；对象被称为其所属的类的**实例**（instance）。例如，我们可以把各种做饭的流程抽象为一个 Cook 类；Cook 类有自己的属性 dish，也有自己的功能 choose、wash、chop 和 fry。定义好 Cook 类后，我们就可以创建该类的实例 fried_chicken 和 French_fries。

fried_chicken 和 French_fries 两个对象同为 Cook 类的实例，故它们有相同的属性和功能。但是当它们分别执行各自的功能时，产生的结果可能是不一样的，毕竟二者分别代表炸鸡和炸薯条。比如说，当 fried_chicken 对象执行 choose 功能时，它会把 dish 属性设置为 Fried Chicken；而当 French_fries 对象执行 choose 功能时，它会把 dish 属性设置为

French Fries。

　　面向对象编程的三大基本特征之一是封装性，即把一些属性和功能封装为一个相对独立的单位，即对象。在人类的视角下，大多数系统是由无数个实体组建而成的，实体间的相互作用塑造着世界的形态。因此，相比于其他编程范式，面向对象的编程思想更加符合人类对世界的认识；在很多情况下，面向对象的程序设计具有其他编程范式所不具有的优势。

　　面向对象对程序设计的初学者来说的确有些魔幻；面向对象编程的思想和用法恐怕需要一整本书才能详尽地讲完。接下来，本书将具体介绍 Python 对面向对象编程的支持，类和对象两个词的含义也将由普遍意义上的类和对象缩小至 Python 中的类和对象。读者可在学习 Python 的面向对象语法机制的同时，逐步加深对面向对象思想的理解。

3.4.1　封装

　　封装（encapsulation），指把一些属性和功能打包为一个相对独立的单位，即类或对象。类其实大致等同于数据类型。在类的内部定义了这个类特有的**成员变量**（member variable）和**成员函数**（member function），分别代表类的属性和功能。比如说，DataFrame 就是 Pandas 库中定义的一个类，DataFrame 的 groupby 方法就是一个成员函数，DataFrame 的 index 和 columns 就是 DataFrame 的成员变量。

```python
class A:
    def __init__(self):
        self.a = 1
    def func(self):
        print(self.a)
```

　　在这个简单的例子中，我们定义了一个名为 A 的类，类中定义了两个成员函数 __init__ 和 func，两个成员函数都有一个名为 self 的参数。我们来创建一个 A 类的实例：

```python
object_A = A()
```

　　"A()"是一个函数调用，它调用的是 A 类的构造函数，**构造函数**（constructor）的作用是创建该类的一个对象，其返回值是 A 类的一个实例。故变量 object_A 被赋值为一个 A 类的对象。其实，类的 __init__ 成员函数就是它的构造函数，如果我们在定义类时并没有定义构造函数 __init__，Python 则会自动生成 __init__ 函数。也就是说，类总是会有自己的构造函数。

　　在 Python 中，对于类的成员函数来说，首参数是一个特殊的参数，我们一般将其命名为 self，它总是用来代表执行该成员函数的实例对象本身。故 A.__init__ 函数体中的 self.a 即对象的成员变量 a。在上例中，当我们创建 A 类的实例时，其构造函数会给其成员变量 a 赋值 1。

　　类中的函数也被称为**方法**（method）。调用 object_A 对象的 func 方法，打印其成员变量 a 的值：

```
object_A.func()
1
```

object_A 会作为 self 参数传入 A.func 函数，故上图代码完全等价于该代码：

```
A.func(object_A)
1
```

成员变量和成员函数又分别被称为实例变量和实例函数，即它们总是伴随类的实例对象而存在的。

再来看一个复杂些的例子：

```
class Cook:
    '''Make a dish.'''
    def __init__(self, dish):
        self.dish = dish
        print("Started cooking " + dish + ' ...')
    def __del__(self):
        print("Finished cooking " + self.dish + '.')
    def wash(self):
        print("Washing ...")
    def chop(self):
        print("Chopping ...")
```

在 Cook 类的定义中，首行的字符串为文档字符串，用来构建 Cook 类的帮助文档。成员方法 __del__ 是类的析构函数；与构造函数恰恰相反，**析构函数**（destructor）的作用是销毁一个实例；与构造函数类似的是，如果我们在定义类时并没有定义析构函数 __del__，Python 则会自动生成 __del__ 函数。当对象即将被销毁时，该对象的析构函数会自动被调用。

有时当我们已经完成一个类的定义后，又想继续修改该类的功能，比如添加一个新的成员方法。我们可以把类外的函数赋值给类的成员方法，以添加新的成员方法：

```
def fry(self):
    print("Frying ...")

Cook.fry = fry
```

来做一些测试：

```
def cook_test():
    fried_chicken = Cook("Fried Chicken")
    fried_chicken.wash()
    fried_chicken.chop()
    fried_chicken.fry()

cook_test()
Started cooking Fried Chicken ...
```

```
Washing ...
Chopping ...
Frying ...
Finished cooking Fried Chicken.
```

在 cook_test 函数中，我们创建 Cook 类的一个实例 fried_chicken；注意，该实例是在函数调用时创建的。当 cook_test 函数调用完毕，函数调用时创建的对象就会被销毁。在销毁 fried_chicken 对象时，该对象的析构函数 __del__ 会被自动调用，于是打印了 Finished cooking Fried Chicken.。

3.4.1.1　公有、私有和专有

严格来说，Cook 类并不是一个好的封装。一个好的封装应该使外界无法直接影响其内部属性。来看一个反例：

```
def cook_test2():
    fried_chicken = Cook("Fried Chicken")
    fried_chicken.dish = "French Fries"

cook_test2()
Started cooking Fried Chicken ...
Finished cooking French Fries.
```

我们通过直接赋值修改了 fried_chicken 对象的成员变量的值，让外界直接影响了内部属性。现在我们更希望实施严格的封装，使类的成员变量只能在类的内部被使用而不被外界使用。这样的成员变量被称为**私有成员变量**（private member variable），简称私有变量。类似地，只能在类的内部被调用而不能被外界调用的成员方法被称为**私有成员方法**（private member method），简称私有方法。私有变量和私有方法只在类的内部是可见的，外界无法得知私有变量和私有方法的存在。在 Python 中，类中的变量名若有双下划线前缀，则变量为私有变量；类中的函数同理。类中的变量名若没有双下划线前缀，则变量为**公有成员变量**（public member variable），简称公有变量；类中的函数同理。

例如，我们定义一个 Cook2 类，该类的构造函数会给私有的成员变量 __dish 赋值。函数 cook_test3 创建了一个 Cook2 类的实例 french_fries，并直接打印该对象的私有成员变量 __dish。然而，外界的 cook_test3 函数根本看不到 french_fries 对象的私有成员，故该函数抛出了异常：

```
class Cook2:
    def __init__(self, dish):
        self.__dish = dish     fried_chicken.dish = "French Fries"

def cook_test3():
    french_fries = Cook2("French Fries")
    print(french_fries.__dish)

cook_test3()
```

```
-------------------------------------------------------------------
AttributeError                              Traceback (most recent call last)
<ipython-input-71-d47c31603d77> in <module>
----> 1 cook_test3()

<ipython-input-70-9cf93130feea> in cook_test3()
      1 def cook_test3():
      2     french_fries = Cook2("French Fries")
----> 3     print(french_fries.__dish)

AttributeError: 'Cook2' object has no attribute '__dish'
```

除了公有方法和私有方法，Python 的类还可以包含专有方法。**专有方法**（magic me-thod），又名魔术方法，是在特殊情况下由 Python 调用的有特殊用途的函数，例如构造函数 __init__ 和析构函数 __del__。专有方法的名称总是兼有双下划线前缀和双下划线后缀。

例如，我们可以为 Cook 类定义一个名为 __len__ 的专有函数：

```
def __len__(self):
    return len(self.dish)
Cook.__len__ = __len__
```

__len__ 专有函数的特殊作用是为类提供长度的概念。当 Python 内嵌的 len 函数作用于类的实例时，len 函数返回的其实就是实例对象的 __len__ 函数的返回值：

```
print("Fried Chicken's length is {}.".format(len(Cook("Fried Chicken"))))
Started cooking Fried Chicken ...
Finished cooking Fried Chicken.
Fried Chicken's length is 13.
```

虽然我们可以自定义专有方法的内容，但我们无法自定义其用法；专有方法的用法都是确定的。例如，你可以自定义 __len__ 函数的内容，但你无法改变其作用；__len__ 函数的作用只能是为 Python 内嵌的 len 函数提供返回值。

3.4.1.2　类变量和类方法

实例变量和实例方法是伴随类的实例而存在的变量和方法。不同于实例变量和实例方法，**类变量**（class variable）和**类方法**（class method）是伴随类本身而存在的变量和方法，也是该类的所有实例所共同拥有的变量和方法。定义一个拥有类变量和类方法的 Cook3 类：

```
class Cook3:
    __dish_num = 0
    def __init__(self, dish):
        self.__dish = dish
        self.add_dish()
    @classmethod
```

```
    def count(cls):
        print("{} dishes in total".format(cls.__dish_num))
    @classmethod
    def add_dish(cls):
        cls.__dish_num += 1
```

在类的定义中，不在任何函数体当中的变量就是类变量，比如上面的 __dish_num。类变量也有公有、私有之分，__dish_num 就是私有的类变量。在类的定义中，被 @classmethod 修饰的函数就是类方法。类方法的首参数也是一个特殊的参数，我们一般将其命名为 cls，它代表的是类对象本身。

在 Python 中，一切都是对象；类的实例是对象，类本身也是一个对象。我们可以直接通过类对象来调用类方法：

```
Cook3.count()
```

```
0 dishes in total
```

Cook3 类的构造函数会调用类方法 add_dish 来修改类对象 __dish_num 的值。创建两个 Cook3 类的实例后，__dish_num 的值增至 2。类方法 count 的作用是输出已经创建的 Cook3 类的实例的数目：

```
fried_chicken = Cook3("Fried Chicken")
french_fries = Cook3("French Fries")
Cook3.count()
french_fries.count()
```

```
2 dishes in total
2 dishes in total
```

你既可以通过类对象来使用类变量和类方法，也可以通过实例对象来使用类变量和类方法。例如，Cook3.count 和 french_fries.count 的运行结果是相同的。

3.4.2 继承与多态

面向对象编程的另一个基本特征是继承性。**继承**（inheritance），指的是在不用重复编写代码的前提下继承原有的类的属性和功能的一种机制。被继承的类被称为父类，继承父类的新的类被称为子类。例如，我们可以定义一个继承 Cook 类的 FrenchFriesCook 类：

```
class FrenchFriesCook(Cook):
    def __init__(self):
        Cook.__init__(self, "French Fries")
    def wash(self):
        print("Washing potatoes ...")
```

子类的每个实例对象不仅是子类的实例，同时也是其父类的实例。因此，你可以选择在子类实例的构造函数中调用父类的构造函数。

```
def test_french_fries_cook():
```

```
    french_fries = FrenchFriesCook()
    french_fries.wash()
    french_fries.chop()
    french_fries.fry()

test_french_fries_cook()
Started cooking French Fries ...
Washing potatoes ...
Chopping ...
Frying ...
Finished cooking French Fries.
```

在 test_french_fries_cook 函数中，我们创建了 FrenchFriesCook 类的实例，即调用了 FrenchFriesCook 类的 __init__ 函数。FrenchFriesCook 类的 __init__ 函数又调用了父类 Cook 的 __init__ 函数，故 test_french_fries_cook 函数输出了 Started cooking French Fries ...。而当子类实例被销毁时，子类的析构函数和父类的析构函数会被依次调用，故 test_french_fries_cook 函数最后输出了 Finished cooking French Fries.。

父类的属性和功能会被子类继承下来，故子类实例对象 french_fries 也有自己的 chop 和 fry 方法。不过，因为 FrenchFriesCook 类中定义的 wash 函数覆盖了父类的 wash 函数，故 FrenchFriesCook 类实例对象的 wash 函数的表现与 Cook 类实例对象的表现不一样。

需要注意的是，父类的私有变量和私有方法是不会被子类继承的。

一个类还可以继承多个类。下面是多重继承的一个例子：

```
class FriedChickenCook(Cook):
    def __init__(self):
        Cook.__init__(self, "Fried Chicken")
    def chop(self):
        print("Chopping chicken ...")

class KfcCook(FriedChickenCook, FrenchFriesCook):
    def __init__(self):
        self.dish = ["Fried Chicken", "French Fries"]
    def __del__(self):
        print("All done!")
    def cook(self):
        self.wash()
        self.chop()
        self.fry()
```

其中，KfcCook 类就多重继承于 FriedChickenCook 类和 FrenchFriesCook 类。创建 KfcCook 类的实例对象，然后调用 cook 方法，最后用 Python 内嵌的 del 命令手动销毁该对象：

```
kfc_cook = KfcCook()
kfc_cook.cook()
del kfc_cook
```

```
Washing potatoes ...
Chopping chicken ...
Frying ...
All done!
```

面向对象编程的最后一个基本特征是多态性。**多态**（polymorphism），指的是用同一个函数名调用不同的函数。例如：

```
def chop(obj):
    obj.chop()


cook1 = FrenchFriesCook()
cook2 = KfcCook()
Started cooking French Fries ...


chop(cook1)
chop(cook2)
```
```
Chopping ...
Chopping chicken ...
```

chop 函数调用了参数对象的 chop 方法，而参数对象的 chop 方法的运行结果是与参数对象所属的类有关的。也就是说，chop 函数其实可以调用不同的函数。

不过，Python 对多态性的支持其实是非常有限的，我们不用在 Python 中过多强调面向对象编程的多态性。

封装、继承和多态是面向对象的三大基本特征。现在，读者已经学习了用于支持面向对象编程的 Python 语法机制。不过，在面向对象的程序设计的学习过程中，领会面向对象的思想是比学习语法更关键的一步。如果你是编程的初学者，你恐怕暂时难以消化面向对象的思想，本节只是你学习面向对象编程的起点。

◎ **小结**

现在，读者已经掌握了 Python 的一些进阶语法，包括字符串类型、内建数据结构、异常处理和面向对象机制等内容。数据结构是指相互之间存在特定关系的数据的集合，基础的内建数据结构包括字符串、列表、元组、字典和集合等。字符串是最常见的数据类型，而正则表达式被用来处理字符串。try / except 语句用来为程序提供异常处理。面向对象编程是一个经典的编程范式，而 Python 是典型的面向对象编程语言。

接下来，我们将介绍 Python 在文件操作、数据库、数据可视化等细分板块中的功能，第三方的 Pandas 库的使用将是其中的关键。

◎ **关键概念**

- **字符编码：**将字符指定为一个特定的二进制编码；字符和二进制码的一一映射

表为一个编码规则，主流的编码规则有 Unicode、utf-8 等。

- **正则表达式：** 用来匹配满足特定规则的字符串的一种表达式。
- **数据结构：** 相互之间存在特定关系的数据的集合，如作为字符集合的字符串。
- **异常：** 程序执行过程中发生的影响程序正常执行的事件；如果没有被妥善处理，将可能导致程序中止运行。
- **面向对象：** 一种编程范式，其核心思想是将事物抽象为拥有属性和功能的对象，其基本特征是封装、继承和多态。
- **对象：** 在面向对象编程中，指抽象化的拥有属性和功能的实体；在 Python 中，一切皆对象。
- **类：** 用于创建一些属性和功能相似的对象的模板，即对象所属的类型。一个属于某个类的对象被称为该类的一个实例。
- **封装：** 将一些属性和功能打包为一个相对独立的单位，即类或对象。
- **继承：** 在不用重复编写代码的前提下继承原有的类的属性和功能的一种机制。
- **成员变量和成员方法：** 类中定义的一些伴随实例对象存在的变量和函数。
- **类变量和类方法：** 类中定义的一些伴随类对象存在的变量或函数，是该类的所有实例对象的公共资源。

◎ 基础巩固

- 2.3 节提到，我们可以为自定义的数据类型定义各种运算，这种操作被称为运算符重载。比如，我们可以为 3.4.1 节的 Cook 类重载加法运算符，以实现以下效果：

```
new_cook = Cook("French Fries") + Cook("Fried Chicken")
Started cooking French Fries ...
Started cooking Fried Chicken ...
Finished cooking French Fries.
Finished cooking Fried Chicken.
```

```
del new_cook
Finished cooking French Fries and Fried Chicken.
```

　　Cook 类的加法运算符重载其实是通过魔术方法 __add__ 函数来实现的。请读者参考阅读材料，学习如何用类的魔术方法进行运算符重载。然后，请你修改 3.4.1 节的 Cook 类的定义，使上面的代码能够得到所示的运行结果。

- 你既可以通过类对象来使用类变量和类方法，也可以通过实例对象来使用类变量和类方法，但两种用法有一定的差异。在 3.4.1.2 节中，如果把 Cook3.__init__ 函数体中的 self.add_dish()（即调用类方法，在类方法中通过类对象来修改类变量）一行替换为 self.__dish_num += 1（即通过实例对象来修改类变量），Cook3.count 函数还能否成功地输出实例数目？如果不能，请你解释其原因。

◎ 思考提升

● Python 标准库定义了各式各样的异常类型，你可以学习阅读材料了解各类型的含义。但是，Python 内建的异常类型也不可能囊括编程实践中我们可能遇到的各种异常状况。你可能会希望自定义某种异常状况；当这种状况发生时，你需要让程序中止并抛出异常，而不是继续运行下去。

请你编写一个 ChineseNameTest 函数，使该函数满足以下要求：

1）有且仅有一个参数且类型为字符串，无返回值；

2）若传入的字符串不是一个合法的中文名，即该字符串不是由两个或两个以上的中文汉字组成，则抛出异常，且异常类型为 IllegalNamingError。

要实现该函数，你需要用到正则表达式、自定义异常类型以及 raise 语句。raise 语句的作用是主动抛出异常，请参考阅读材料学习 raise 关键字的使用方法及自定义异常类型的方法。

◎ 阅读材料

● **字符编码**：https://en.wikipedia.org/wiki/Character_encoding
● **ASCII 编码**：https://www.ascii-code.com/
● **正则表达式**：https://docs.python.org/3/howto/regex.html
● **Python 内建异常类型**：https://docs.python.org/3/library/exceptions.html
● **面向对象的程序设计**：https://en.wikipedia.org/wiki/Object-oriented_programming
● **Python 与面向对象编程**：https://realpython.com/python3-object-oriented-programming/
● **魔术方法与运算符重载**：https://www.python-course.eu/python3_magic_methods.php
● **Python 异常处理及 raise 关键字的使用**：https://realpython.com/python-exceptions/
● **自定义 Python 异常类型**：https://www.programiz.com/python-programming/user-defined-exception

Python 与文件

■ 导引

当你用 Python 进行数据分析时，你的第一步总是将待分析的数据导入 Python 程序。如果你的数据来源是本地的 txt 文件，你可能会将文件的所有内容复制到 Python 程序中，然后再做进一步的操作——将文件内容整理为 txt 文件所展示的样子。可是如果你有一百个文件的数据要分析，你就不可能选择用复制粘贴来导入数据了，你希望 Python 来帮你完成数据导入的工作。Python 标准库也的确提供了对文件操作的支持，使你能够以字符或行为单位来读取或修改文件数据。

在大多数情况下，待分析的数据都是表格型的结构化数据，例如 Excel 文件内的数据。在你的 Python 程序中，你该用什么容器来装表格型数据呢？也就是说，你该把本地文件的数据导入到 Python 的何种数据结构中？Python 标准库并没有直接提供一种类似于 Excel 的矩阵型数据结构，但你可以利用 Python 内建的基本数据结构来构造出矩阵型数据结构。例如，"列表的列表（即列表中每个元素都是小列表）"就是一种形似矩阵的结构，你可以把 Excel 文件的每一行数据导入为 Python 中的一个列表，再把这些列表置于一个大列表中，于是 Excel 文件的所有数据就都导入到了 Python 程序中，并且仍然保持了原来的表格样式。

然而，"列表的列表"在很多情况下都不是一个优秀的数据结构。往"列表的列表"中添加一行数据是简单的，但添加一列数据却是困难的，要添加一列数据，你就要在每个小列表的末尾添加一个新元素。你还需要一个便捷的、性能更强的矩阵型数据结构。**Pandas** 库提供的 DataFrame 就是这样一个适合于数据分析的矩阵型数据结构。

如果仅用 Python 标准库来读取文件，你就不得不一行一行地提取数据。时间紧迫的你更希望用一行代码就将整张表格导入为 DataFrame，而 Pandas 库提供了这样的文件读取机制。

■ **学习目标**

- 了解用 Python 标准库进行文件读写操作的方法；
- 学习 Pandas 库的基本用法，包括 Series 和 DataFrame 数据结构的创建、索引方法；
- 掌握用 Pandas 库读写 csv、txt、xls、xlsx、JSON 等格式文件的方法。

外部数据的访问是数据分析的第一步。要用 Python 处理外部文件中的数据，先要读取文件中的数据，并将其储存于 Python 的某种数据结构中以进行更多的操作。同时，我们可能需要将 Python 程序中生成的一些数据储存到外部文件中，以供日后的使用。Python 中有很多工具可以帮助我们进行文件数据的输入和输出，本章先介绍 Python 标准库提供的基本文件操作，再介绍 Pandas 库在文件数据的输入 / 输出中的应用。

4.1 Python 基本文件操作

用 Python 标准库处理文件，一般按照打开文件、操作文件、关闭文件的步骤进行。我们先使用 open 方法打开一个文件，创建一个文件型对象，主参数设置为要打开的文件的相对路径或绝对路径：

```
file = open('..\examples\Yeats.txt')
```

我们可以把 file 中的内容读取为一个列表，列表的每个元素为 file 中的一行：

```
[x for x in file]
['When you are old\n',
 'When you are old and grey and full of sleep,\n',
 'And nodding by the fire, take down this book,\n',
 'And slowly read, and dream of the soft look\n',
 'Your eyes had once, and of their shadows deep;']
```

操作结束后，一定要注意关闭文件：

```
file.close()
```

如果不需要这个文件了，可以使用 remove 方法将这个文件删除，这里需要使用 Python 自带的 os 模块，同时需要注意使用这个方法的时候文件必须存在，否则就会报错。可以使用 os 模块的 path.exists 检查文件是否存在：

```
import os
os.remove("D:\\f.txt")
-----------------------------------------------------------------
FileNotFoundError                         Traceback (most recent call last)
<ipython-input-4-d551c6ac2135> in <module>
      1 import os
----> 2 os.remove("D:\\f.txt")
```

```
FileNotFoundError: [WinError 2] 系统找不到指定的文件。: 'D:\\f.txt'
```

```
if os.path.exists("D:\\f.txt"):
    os.remove("D:\\f.txt")
    print("File removed!")
else:
    print("File not found!")
```
```
File not found!
```

调用 read 方法可以把所有文件内容读取为一个字符串：

```
file = open('..\examples\Yeats.txt')
data = file.read()
print(data)
file.close()
```
```
When you are old
When you are old and grey and full of sleep,
And nodding by the fire, take down this book,
And slowly read, and dream of the soft look
Your eyes had once, and of their shadows deep;
```

除了 read 方法可以读取内容，readlines 方法也可以进行文件读取，它的返回对象是文件中所有行组成的一个列表，每个元素是文件每一行的内容。但是这个方法在文件很大的时候不建议使用：

```
fHand = open("..\examples\GoodDay.txt", "r")
data = fHand.readlines()
print(data)
for line in data:
    print(line)
```
```
['Good morning.\n', 'Good afternoon.\n', 'Good evening.']
Good morning.

Good afternoon.

Good evening.
```

每一个打开的文件都有一个文件指针，任何读写操作都是从文件指针所在的位置开始的。读写完后，文件指针将被移到所读写内容的后面。例如，readline 方法会返回文件中的一行数据（包括行末的换行符），然后将指针后移至下一行的开头处：

```
file = open('..\examples\Yeats.txt')
line = file.readline()
while line:
    print(line, end = "")
    line = file.readline()
file.close()
```
```
When you are old
```

```
When you are old and grey and full of sleep,
And nodding by the fire, take down this book,
And slowly read, and dream of the soft look
Your eyes had once, and of their shadows deep;
```

我们也可以使用 with 语句来进行文件操作，文件会在 with 代码块结束后自动关闭。并且，我们调用字符串的 strip 方法，来去掉列表每个字符串元素末尾的换行符：

```
with open('..\examples\Yeats.txt') as file:
    lines = [x.strip() for x in file]
lines
```

```
['When you are old',
 'When you are old and grey and full of sleep,',
 'And nodding by the fire, take down this book,',
 'And slowly read, and dream of the soft look',
 'Your eyes had once, and of their shadows deep;']
```

上述的 with 语句其实是以下 try/finally 语句的简化版本：

```
fp = open('..\examples\Yeats.txt')
try:
    lines = [x.strip() for x in fp]
finally:
    fp.close()
```

其实，我们可以以不同的文件模式来打开文件。在上例中，我们是以默认的只读模式 "r" 打开文件的。Python 文件模式如表 4-1 所示。

表 4-1 Python 文件模式

文件模式	描述
r	以只读方式打开文件，文件指针置于文件开头。这是默认模式
w	以只写方式打开文件，创建新文件，覆盖已存在的同名文件
x	以只写方式打开文件，创建新文件，若有同名文件存在，则创建失败
a	创建新文件，或者打开一个已存在的文件，文件指针置于文件末尾。新的内容会写到已有内容之后
r+	以读写方式打开文件，文件指针置于文件开头
b	二进制模式。"rb""wb"等表示以二进制模式打开文件

我们可以使用 Python 内建函数 writelines 来将数据写入文件。我们以只写方式 "w" 创建文件，把 writelines 方法的主参数设置为要写入文件的字符串：

```
with open('..\examples\Yeats2.txt', 'w') as f2:
    for x in lines:
        f2.writelines(x)
        f2.writelines('\n')


! type ..\examples\Yeats2.txt
```

```
When you are old
When you are old and grey and full of sleep,
And nodding by the fire, take down this book,
And slowly read, and dream of the soft look
Your eyes had once, and of their shadows deep;
```

在 Jupyter Notebook 中，只需要在 shell 命令前加一个 "！"，就可以运行 shell 命令。上述代码中，我调用了 Windows shell 中的 type 命令来打印一个 type 后面所跟的文件路径的文件的内容。

需要注意的是，使用 "w" 模式打开文件，如果原文件有内容会被清除掉：

```
fHand = open("..\examples\GoodDay.txt", "r")  # 以只读方式 "r" 打开文件
data = fHand.read()
print(data)                                    # 文件存在且有内容
fHand.close()
```
```
Good morning.
Good afternoon.
Good evening.
```

```
fHand = open("..\examples\GoodDay.txt", "w")  # 以只写方式 "w" 打开文件
fHand.close()
```

```
fHand = open("..\examples\GoodDay.txt", "r")  # 以只读方式 "r" 打开文件
data = fHand.read()
print(data)                                    # 文件内容被清除
fHand.close()
```

以追加方式 "a" 打开文件，用 write 方法向文件的末尾添加内容：

```
with open('..\examples\Yeats2.txt', 'a') as f2:
    f2.write("How many loved your moments of glad grace")
```

也可以以读写方式打开文件，先调用 read 方法将文件指针移到末尾处，再调用 write 方法向末尾添加内容，故下方代码与上方代码的功能是完全一致的。

```
with open('..\examples\Yeats2.txt', 'r+') as f2:
    f2.read()
    f2.write("How many loved your moments of glad grace")
```

seek 方法可以把文件指针移到某个指定的位置。例如，从文件的第 156 个字符开始读取内容：

```
with open('..\examples\Yeats2.txt') as f2:
    f2.seek(156)
    print(f2.read())
```
```
Your eyes had once, and of their shadows deep;
How many loved your moments of glad grace
```

seek 方法只能将文件指针移动到指定个数的字符处。那么，如何将文件指针移动到

特定的行呢？如果我们想从第三行开始写文件，那么只需先调用两次 readline 方法来将文件指针移到第三行开始处。

以上的 Python 文件操作只涉及了简单的 txt 格式文件。我们也可以用类似的方法操作另一种简单的文本文件——csv 文件。事实上，Python 标准库还提供了一个专门用于操作 csv 文件的 csv 模块。对于更加复杂的文件格式，我们就需要借助 Python 第三方库来进行文件操作；接下来我们来介绍 Pandas 库。

4.2　Pandas 基础

Python 数据分析绝对绕不开 NumPy、Pandas 和 Matplotlib 三大工具的使用。**Pandas** 是一个专为数据分析开发的大型的、高性能的开源库，其在数据分析领域的地位如 pandas（熊猫）在动物界的地位一样尊贵。Pandas 包含的数据结构和数据处理工具会使数据分析工作变得高效便捷。简单地说，Pandas 给我们提供了 DataFrame 这个关键的数据结构（以及辅助的 Series 和索引数据结构）来储存数据，并且提供了海量的操作 DataFrame 对象的函数。

实际上，"DataFrame" 这个名字是根据经典的统计学工具 R 语言中的 dataframe 对象命名的。Pandas 库提供的许多功能其实和 R 语言中的功能十分相似。"Pandas" 这个名字也不是来自熊猫，而是来自一个计量经济学术语 panel data（面板数据）。由此可以猜想，Pandas 在数据分析中扮演的重要角色。

4.2.1　Series 数据结构

首先，我们导入 Pandas 库，并且给 pandas 取别名为 pd，以方便后续的使用：

```
import pandas as pd
```

Series 是一种一维的序列数据结构，储存的数据须为同一数据类型。我们可以只用一个列表来创建一个最简单的 Series 对象：

```
ser = pd.Series([5, -1, 3, 3])
ser
```

```
0    5
1   -1
2    3
3    3
dtype: int64
```

Series 对象由一组数据和一组**索引**（index）构成。在上面的创建过程中，我们没有指定特定的索引，所以生成了 Pandas 中的默认索引 RangeIndex(start = 0, stop = ?, step = 1)。索引其实也是 Pandas 中的一种数据结构。我们可以查看 Series 对象的数据或索引：

```
ser.values
```

```
array([ 5, -1,  3,  3], dtype=int64)
```

```
ser.index
```

```
RangeIndex(start=0, stop=4, step=1)
```

在创建 Series 的过程中，我们也可以指定特定的索引：

```
ser2 = pd.Series([1, 2, 3, 3, 3], index = ['THU', 'PKU', 'SJTU', 'ZJU', 'FDU'])
ser2
```

```
THU      1
PKU      2
SJTU     3
ZJU      3
FDU      3
dtype: int64
```

Series 对象及其索引对象都有名称属性。可以通过赋值语句来改变名称属性：

```
ser2.name = "Rank"
ser2.index.name = "University"
```

```
ser2.name
```

```
'Rank'
```

```
ser2.index.name
```

```
'University'
```

```
ser2
```

```
University
THU      1
PKU      2
SJTU     3
ZJU      3
FDU      3
Name: Rank, dtype: int64
```

Series 对象当然也可以通过选定数据的标签（单个值或者数组）来索引特定的数据：

```
ser2['THU']
```

```
1
```

```
ser2[['PKU', 'THU']]
```

```
University
PKU     2
THU     1
Name: Rank, dtype: int64
```

逻辑值数组（之所以用数组一词，是因为数组包含了列表、Series 等不同的数据结构，而这些数据结构都可以用来作为标签）也可以用来作为 Series 对象的索引标签：

```
ser2[ser2 <= 2]
University
THU    1
PKU    2
Name: Rank, dtype: int64
```

对 Series 进行数学运算或者应用数学的函数，返回值为一个保留了原 Series 对象索引的新 Series，新 Series 的数据即为对原 Series 中的数据进行数学运算或者应用数学函数得到的数据：

```
ser * (-1)
0   -5
1    1
2   -3
3   -3
dtype: int64
```

```
import numpy as np
np.exp(ser)              # 以常数 e 为底的指数函数
0    148.413159
1      0.367879
2     20.085537
3     20.085537
dtype: float64
```

关于 Series 的更多操作，我们以后遇到的时候再做介绍。我们使用的 Series 对象更多来自 DataFrame 数据结构的列引用。下面我们介绍 DataFrame 数据结构。

4.2.2　DataFrame 数据结构

DataFrame 是一种二维的矩阵数据结构。虽然 DataFrame 的某列中的所有数据为同一数据类型，但不同列可以是不同的数据类型，可以一列为字符数组、另一列为逻辑值数组。DataFrame 数据结构既有**列索引**（columns），又有行索引。我们可以用一个包含等长度的列表的字典来创建 DataFrame：

```
data = {'province': ['Hubei', 'Hunan', 'Anhui'],
        'pop': [5885, 6822, 6195],
        'capital': ['Wuhan', 'Changsha', 'Hefei']}
frame = pd.DataFrame(data)
frame
```

	province	pop	capital
0	Hubei	5885	Wuhan
1	Hunan	6822	Changsha
2	Anhui	6195	Hefei

创建 DataFrame 所用的字典中的列表也可以换成等长度的元组、Series 等其他数据结构。

创建 DataFrame 时，也可以指定特定的索引。如果指定的列索引与原字典默认生成的列索引不同，则生成的 DataFrame 的列索引为指定的列索引，且结果中可能存在缺失值 NaN。

例如：

```
frame2 = pd.DataFrame(data, index = ['one', 'two', 'three'],
                      columns = ['province', 'capital', 'Gdp per capita'])
frame2
```

	province	capital	Gdp per capita
one	Hubei	Wuhan	NaN
two	Hunan	Changsha	NaN
three	Anhui	Hefei	NaN

选定 DataFrame 对象的列标签（不用选定行标签），可以返回对应列构成的 Series 对象或 DataFrame 对象：

```
frame2['province']
one      Hubei
two      Hunan
three    Anhui
Name: province, dtype: object
```

```
frame2[['province', 'capital']]
```

	province	capital
one	Hubei	Wuhan
two	Hunan	Changsha
three	Anhui	Hefei

可通过赋值的方式来改变 DataFrame 中的数据：

```
frame2['Gdp per capita'] = (10079, 8001, 7250)
frame2
```

	province	capital	Gdp per capita
one	Hubei	Wuhan	10079
two	Hunan	Changsha	8001
three	Anhui	Hefei	7250

选定列标签，可以得到对应列的数据；那么，选定行标签，是不是可以得到对应行的数据呢？

```
frame2['two']
---------------------------------------------------------------------
KeyError                                    Traceback (most recent call last)
```

可见，行数据的选择在 DataFrame 中并不容易。DataFrame 数据结构的语法天然地更适合列选择，而不是行选择。要对 DataFrame 对象进行行选择，需要用到 loc 方法或者 iloc 方法：

```
frame2.loc[['three', 'two']]
```

	province	capital	Gdp per capita
three	Anhui	Hefei	7250
two	Hunan	Changsha	8001

```
frame2.iloc[[2, 1]]
```

	province	capital	Gdp per capita
three	Anhui	Hefei	7250
two	Hunan	Changsha	8001

loc 方法是把 DataFrame 的行索引中的值作为标签（比如上述代码的 three 和 two）来选择特定的行，而 iloc 方法是用对应行的排序作为标签（因为是从 0 开始计数，所以 one 行是第 0 行，three 行是第 2 行）来选择特定的行。

我们还可以通过直接赋值的方法来增加 DataFrame 的行列。下面我们通过 loc 方法来选择 frame2 中尚不存在的 four 行，并给此行赋值，于是 frame2 中就增加了这一新行：

```
frame2.loc['four'] = ('Jiangsu', 'Nanjing', 17445)
frame2
```

	province	capital	Gdp per capita
one	Hubei	Wuhan	NaN
two	Hunan	Changsha	NaN
three	Anhui	Hefei	NaN
four	Jiangsu	Nanjing	17445

与 Series 数据结构类似，DataFrame 也可以通过逻辑值来进行过滤：

```
frame2['Gdp per capita'] > 15000
```

```
one      False
two      False
three    False
four     True
Name: Gdp per capita, dtype: bool
```

```
frame2.loc[frame2['Gdp per capita'] > 15000]
```

	province	capital	Gdp per capita
four	Jiangsu	Nanjing	17445

接下来，我们主要介绍 Pandas 库中用于文件数据导入／导出的方法，而我们将主要使用的数据结构正是我们刚刚介绍的 DataFrame。关于 DataFrame 的更多操作，我们在之后遇到的时候再做详细介绍。

4.3　Pandas 文件操作

在 Python 数据分析的应用中，数据通常有以下几种来源：本地文件中的数据（低级的 txt 文件、csv 文件等，高级的 JSON 文件、Excel 文件、HTML 文件等）、数据库中的数据以及网络资源中的数据。本章介绍的是第一种来源数据的读取和存储，后两种来源待后续章节再详细介绍。

对于种类繁多的文件格式，你可能会略感迷惑。其实，不论是什么格式的文件，本质上都是由 0 和 1 组成的二进制文件。文件的格式可以简单地理解为一种翻译（更合适的用词是"解析"）的方法，即将由 0 和 1 组成的比特流翻译为人类可以理解的各种符号——字母、汉字等。所以，就算是 txt 文件，我们也可以用 Excel 去翻译它，只不过我们很可能什么也翻译不出来。

一般来说，越高级的文件格式，翻译起来就越困难。幸运的是，我们根本不用知道如何翻译，因为前人已经给我们造好了"轮子"。将文件数据读取为 DataFrame 是 Pandas 的重要特性。我们只需要学会使用前人的"轮子"，即 Pandas 中用于解析各类格式的文件的函数，就足以满足数据分析的大多数要求。

4.3.1　csv 文件和 txt 文件的读写

我们先从一个玩具般的小型 csv 文件开始学习：

```
! type ..\examples\ex1.csv
```

```
name,birthyear,country,num_of_discussions_on_zhihu
Nick,1818,USA,0
Kant,1724,Germany,635
Nietzsche,1844,Germany,472
Camus,1913,French,203
Hegel,1770,Germany,358
```

从上述代码中可以看到，在 csv 文件中，一行中的相邻数据是通过逗号分离的。实际上，csv 正是 comma-separated values 的缩写。那么，该如何创建一个简单的 csv 文件？一种方法是直接把一个 Excel 文件另存为 csv 文件；另一种方法是按 csv 文件的规则（一行中的相邻数据用逗号隔开）创建一个 txt 文件，再另存为 csv 文件即可。

我们使用 Pandas 中的 read_csv 函数来把 csv 文件读取为 DataFrame：

```
pd.read_csv("..\examples\ex1.csv")
```

	name	birthyear	country	num_of_discussions_on_zhihu
0	Nick	1818	USA	0
1	Kant	1724	Germany	635
2	Nietzsche	1844	Germany	472
3	Camus	1913	French	203
4	Hegel	1770	Germany	358

如果文件路径或者文件内容包含中文，则须先对路径使用 open 函数，否则文件会打开失败：

```
pd.read_csv(open("..\examples\人物.csv"))
```

	name	birthyear	country	num_of_discussions_on_zhihu
0	Nick	1818	USA	0
1	Kant	1724	Germany	635
2	Nietzsche	1844	Germany	472
3	Camus	1913	French	203
4	Hegel	1770	Germany	358

文件可能打开失败的另一原因是，路径中的反斜杠"\"可能会被解析成转义字符的一部分。比如说，文件路径中的"\t"会被自动转义为制表符 Tab，转义后的路径实际上是不存在的，故文件读取失败。解决方式之一是在路径前加一个"r"，例如，将 '..\examples\ex1.csv' 改为 r'..\examples\ex1.csv'，则系统不会再进行字符串转义。或者将路径中的所有单反斜杠"\"都改为双反斜杠"\\"，双反斜杠中的第一个斜杠会取消第二个斜杠的转义作用。read_csv 函数的一些参数如表 4-2 所示。

表 4-2　read_csv 函数的一些参数

参数	描　述
path	主参数，文件路径或文件对象
sep = ','	分隔符，字符或正则表达式
delimiter = ','	分隔符，字符或正则表达式
header = 0	被用作列索引对应的行的行序号；若无列标签，则设置为 None
names = None	当 header = None 时，用于设置列标签，如 names = ['name', 'birthyear']
index_col = None	被用作行索引对应的列的列序号或列标签
skiprows = None	从文件开头起需要跳过的行数，或者需要跳过的行的行序号组成的列表
nrows = None	从文件开头起需要读取的行数
chunksize = None	分块读取时，用于迭代的块的大小
na_values = None	需要替换为缺失值 NaN 的值的列表

read_csv 默认将文件的第一行读取为 DataFrame 的列索引。在一些文件中，第一行数据并不是索引行。我们也可以令 read_csv 不要把文件的第一行读成列索引：

```
pd.read_csv("..\examples\ex1.csv", header = None )
```

	0	1	2	3
0	name	birthyear	country	num_of_discussions_on_zhihu
1	Nick	1818	USA	0
2	Kant	1724	Germany	635
3	Nietzsche	1844	Germany	472
4	Camus	1913	French	203
5	Hegel	1770	Germany	358

我们可以通过指定 index_col 参数为文件中某一列的列标签，这样就把这一列读取为行索引：

```
people = pd.read_csv("..\examples\ex1.csv", index_col = 'name')
people
```

	birthyear	country	num_of_discussions_on_zhihu
name			
Nick	1818	USA	0
Kant	1724	Germany	635
Nietzsche	1844	Germany	472
Camus	1913	French	203
Hegel	1770	Germany	358

在上述代码中，name 与列索引行并没有对齐，这是因为 read_csv 默认将 name 作为这个 DataFrame 的行索引对象的名词属性。我们在 3.1 节中提到过，索引对象都是有名词属性的。

我们可以通过列选择来提取某一列：

```
people['num_of_discussions_on_zhihu']
```

```
name
Nick            0
Kant          635
Nietzsche     472
Camus         203
Hegel         358
Name: num_of_discussions_on_zhihu, dtype: int64
```

我们得到了一个数据类型为 int64 的 Series。没错，read_csv 函数会进行类型推断，自动给生成的 DataFrame 的各列指定数据类型，你不必亲自指定哪一列是整数、哪一列是逻辑值。

我们经常需要依据一些特定的规则来对数据进行排列。比如，我们可以依据 DataFrame 的某一列的数值的大小来进行排序。我们使用 DataFrame 对象的 sort_values 方法来实现这一功能，其中可选 by 参数用来指定需要排序的列。比如，我们依据 birthyear 列的数值大小来排序：

```
people.sort_values(by = 'birthyear')
```

	birthyear	country	num_of_discussions_on_zhihu
name			
Kant	1724	Germany	635
Hegel	1770	Germany	358
Nick	1818	USA	0
Nietzsche	1844	Germany	472
Camus	1913	French	203

数据默认按升序排列。我们也可以把 ascending 参数设置为 False，使数据按降序排列：

```
people.sort_values(by = 'num_of_discussions_on_zhihu', ascending = False)
```

	birthyear	country	num_of_discussions_on_zhihu
name			
Kant	1724	Germany	635
Nietzsche	1844	Germany	472
Hegel	1770	Germany	358
Camus	1913	French	203
Nick	1818	USA	0

我们还可以依据索引的字典序来排列数据，这需要使用类似于 sort_values 方法的 sort_index 方法。sort_index 方法默认依据行索引的字典序来排列；如有需要，可以将 axis 参数设置为 1，则数据依据列索引来排序：

```
people.sort_index()
```

	birthyear	country	num_of_discussions_on_zhihu
name			
Camus	1913	French	203
Hegel	1770	Germany	358
Kant	1724	Germany	635
Nick	1818	USA	0
Nietzsche	1844	Germany	472

```
people.sort_index(axis = 1, ascending = False)
```

	num_of_discussions_on_zhihu	country	birthyear
name			
Nick	0	USA	1818
Kant	635	Germany	1724
Nietzsche	472	Germany	1844
Camus	203	French	1913
Hegel	358	Germany	1770

4.3.1.1　txt 文件的读取

txt 文件的读取与 csv 文件的读取极为相似。txt 文件与 csv 文件的区别，几乎只在于 txt 文件中的数据不一定是由逗号隔开的。所以，我们在使用 Pandas 中的 read_table 函数读取 txt 文件时，须指定该文件的分隔符：

```
! type ..\examples\ex2.txt
name    birthyear   num_of_discussions_on_zhihu    country
Nick    1818        0                              Germany
Kant    1724        635                            Germany
```

```
Rawls       1921              45
Nozick      1938                                            America
```

```
pd.read_table("..\examples\ex2.txt", index_col = 'name', sep = '\s+')
```

name	birthyear	num_of_discussions_on_zhihu	country
Nick	1818	0	USA
Kant	1724	635	Germany
Rawls	1921	45	NaN
Nozick	1938	USA	NaN

该 txt 文件的分隔符为若干个空格。虽然我们也可以用 word 等工具将空格替换为逗号，把此 txt 文件转化为 csv 文件，然后用 read_csv 来读取该文件。但是，使用 read_table 函数来读取该文件会更加便捷。回忆我们之前介绍的正则表达式，可以用 "\s+" 来指示此种空格符。用 read_table 函数读取该文件时，我们把 sep 参数设置为文件中分隔符的正则表达式。

在实际运用中，我们常常会碰到缺失值。缺失值的处理是数据分析中一个比较麻烦的环节，我们在后面的章节再详细介绍。

4.3.1.2　将数据写入文件

先来查看我们要写入文件的 DataFrame：

```
frame2
```

	province	capital	Gdp per capita
one	Hubei	Wuhan	NaN
two	Hunan	Changsha	NaN
three	Anhui	Hefei	NaN
four	Jiangsu	Nanjing	17445

通过 DataFrame 的 to_csv 方法，将数据导出到文件中，默认的分隔符为逗号：

```
frame2.to_csv('..\examples\out1.txt')
```

查看导出的文件：

```
! type ..\examples\out1.txt
,province,capital,Gdp per capita
one,Hubei,Wuhan,
two,Hunan,Changsha,
three,Anhui,Hefei,
four,Jiangsu,Nanjing,17445
```

第一行开头有一个逗号，逗号前面没有数据，这是因为该 DataFrame 的行索引的名称属性（frame2.index.name）为空。我们也可以选择不把索引打印到文件中。如果我们不需要行索引，则把 to_csv 方法的 index 参数设置为 False；如果不需要列索引，则把

header 设置为 False：

```
frame2.to_csv('..\examples\out2.txt', index = False, header = False)
```

```
! type ..\examples\out2.txt
```
```
Hubei,Wuhan,
Hunan,Changsha,
Anhui,Hefei,
Jiangsu,Nanjing,17445
```

我们也可以只打印需要的列，把 to_csv 方法的 columns 参数设置为需要打印的列标签即可。并且，也可以不使用默认的分隔符逗号，我们可以把 to_csv 方法的 sep 参数设置为我们想要的分隔符：

```
frame2.to_csv('..\examples\out3.txt', columns = ['province', 'capital'], sep = '$')
```

```
! type ..\examples\out3.txt
```
```
$province$capital
one$Hubei$Wuhan
two$Hunan$Changsha
three$Anhui$Hefei
four$Jiangsu$Nanjing
```

4.3.1.3 大型文件的分块读取

当我们处理大型文件时，我们可能需要将文件读取为多个小块。让我们来尝试分块处理一个大文件，我们不可能在屏幕上打印出完整文件的所有数据，所以我们可以先调整 Pandas 的显示设置，使 DataFrame 最多只能在屏幕上打印出 10 行：

```
pd.options.display.max_rows = 10
```
```
pd.read_csv(open('..\\examples\\films.csv'), sep = '\t')
```

	rank	title	year	grades	director
0	1	肖申克的救赎	1994	9.7	弗兰克·德拉邦特
1	2	霸王别姬	1993	9.6	陈凯歌
2	3	阿甘正传	1994	9.5	罗伯特·泽米吉斯
3	4	这个杀手不太冷	1994	9.4	吕克·贝松
4	5	美丽人生	1997	9.5	罗伯托·贝尼尼
...	...	...	...	...	...
245	246	E.T. 外星人	1982	8.6	史蒂文·斯皮尔伯格
246	247	末路狂花	1991	8.7	雷德利·斯科特
247	248	千钧一发	1997	8.8	安德鲁·尼科尔
248	249	变脸	1997	8.5	吴宇森
249	250	这个男人来自地球	2007	8.5	理查德·沙因克曼

```
250 rows × 5 columns
```

通过设置 nrows 参数，也可以只读取文件的部分行：

```
pd.read_csv(open('..\\examples\\films.csv'), sep = '\t', nrows = 10)
```

	rank	title	year	grades	director
0	1	肖申克的救赎	1994	9.7	弗兰克·德拉邦特
1	2	霸王别姬	1993	9.6	陈凯歌
2	3	阿甘正传	1994	9.5	罗伯特·泽米吉斯
3	4	这个杀手不太冷	1994	9.4	吕克·贝松
4	5	美丽人生	1997	9.5	罗伯托·贝尼尼
5	6	泰坦尼克号	1997	9.4	詹姆斯·卡梅隆
6	7	千与千寻	2001	9.3	宫崎骏
7	8	辛德勒的名单	1993	9.5	史蒂文·斯皮尔伯格
8	9	盗梦空间	2010	9.3	克里斯托弗·诺兰
9	10	忠犬八公的故事	2009	9.3	莱塞·霍尔斯道姆

在 read_csv 函数里设置 chunksize 参数，就可以分块读入文件，每一块会读取文件的 chunksize 行数据。然后，我们可以通过一个循环过程来对每一块进行复杂的操作。这里我们只用一个简单的 print 操作为例。每一个小块都是一个 DataFrame 对象，可以调用其 iloc 方法来打印每一块的第 0 行第 1 列的数据：

```
doubantopfilms = pd.read_csv(open('..\\examples\\films.csv'), sep = 't',
    chunksize = 25)
for chunk in doubantopfilms:
    print(chunk.iloc[0, 1])
```
肖申克的救赎
蝙蝠侠：黑暗骑士
两杆大烟枪
七宗罪
海蒂和爷爷
唐伯虎点秋香
教父 3
未麻的部屋
猜火车
血钻

没错，我们也可以用 DataFrame 对象的 iloc 方法（或者 loc 方法）进行二维检索，获取指定行指定列的数据。其实，对一个只有 250 行数据的文件来说，分块处理的方法略有“杀鸡用牛刀”的感觉。但是，在实际应用中，我们可能会遇到有上万行甚至上亿行数据的超大型文件；为了不使服务器崩溃，我们必须学会分块处理文件。

4.3.2　Excel 文件的读取

利用 Pandas 库来读取 Excel 文件（更准确地说，是 xls 和 xlsx 格式的文件）的第一个方法完全类似于之前读取 csv 文件的方法，我们只需要把之前的 read_csv 函数换成 read_excel 函数即可。如果我们要读取的数据不是 Excel 的第一张 sheet，则要把 sheet_name 参数设置为我们需要的 sheet 的名字：

```
pd.read_excel("..\examples\switchmajors.xlsx", sheet_name = 'HotApplying')
```

	2017	2018	2019
Computer Science	54	63	76
Electronic Engineering	40	39	44
Economics and Finance	34	31	20
Jurisprudence	32	22	22
Automatization	30	41	58
Software Engineering	23	47	27

用来将数据写入 Excel 文件的 to_excel 函数的用法也与之前的 to_csv 函数相似，只不过多了一个可选的 sheet_name 参数。

有时，我们也用 Pandas 中的 ExcelFile 类来读取 Excel 文件：

```
switchmajors = pd.ExcelFile("..\examples\switchmajors.xlsx")
```

当 Excel 文件中有多个 sheets 时，使用 ExcelFile 类会更加便捷，因为我们可以直接通过 ExcelFile 类来查看该 Excel 文件有哪些 sheets。ExcelFile 类的 sheet_names 属性是 Excel 文件的所有 sheet 名组成的列表：

```
switchmajors.sheet_names
```
```
['HotApplying', 'ColdApplying', 'ModerateApplying']
```

我们可以调用 ExcelFile 类的 parse 方法，参数是要查看的 sheet 的名称，返回值是相应 sheet 中的数据构成的 DataFrame。我们也可以把 Excel 类作为参数传入 read_excel 函数，并且设置 sheet_name 参数，返回值同样是相应 sheet 中的数据构成的 DataFrame。这两个方法的效果完全一样。例如：

```
switchmajors.parse('ColdApplying')
```

	2017	2018	2019
Biology	6	2	13
Environmental Engineering	10	10	7
Chemistry	3	5	4
Materials Science	3	13	9

```
pd.read_excel(switchmajors, sheet_name = 'ColdApplying')
```

	2017	2018	2019
Biology	6	2	13
Environmental Engineering	10	10	7
Chemistry	3	5	4
Materials Science	3	13	9

4.3.3　JSON 文件的读取

JSON 是一种简洁清晰、自由高效的数据交换格式。我们暂且不对 JSON 的历史和特性做过多的介绍；初学者只需要知道，JSON 是程序员们喜闻乐见的一种超轻量级语法，也是数据分析工作者必定会遇到的一种数据交换格式。所以我们要对 JSON 文件的读取做简要的介绍。

JSON 对象类似于 Python 中的字典，由键（key）值（value）对组成，键是字符串（须有引号），值是数据（数字、字符串、逻辑值、数组、JSON 对象等）。例如：

```
json_data = """
{
    "name": "China",
    "provinces and regions": [
        {
            "name": "Hong Kong"
        },
        {
            "name": "Taiwan",
            "citys": {
                "city": [
                    "Taipei",
                    "Kaohsiung"
                ]
            }
        },
        {
            "name": "Xinjiang",
            "citys": {
                "city": [
                    "Urumchi",
                    "Ili"
                ]
            }
        }
    ]
}
"""
```

这是一个符合 JSON 语法规则的 Python 字符串对象，最外层的三引号是用来定义跨多行的字符串的。Python 中处理 JSON 数据最常用的工具是 Python 标准库中的 json 库。我们调用 json 库中的 loads 函数来将这个 JSON 格式的字符串解析为 Python 中的字典对象：

```
import json
json_obj = json.loads(json_data)
json_obj
```
```
{'name': 'China',
    'provinces and regions': [{'name': 'Hong Kong'},
{'name': 'Taiwan', 'citys': {'city': ['Taipei', 'Kaohsiung']}},
{'name': 'Xinjiang', 'citys': {'city': ['Urumchi', 'Ili']}}]}
```

然后我们可以选择将此字典对象转化为 DataFrame 对象，以利用 Pandas 库进行更复杂的操作。也可以调用 json.dumps 函数来将 Python 中的字典对象转化为 JSON 格式的字符串：

```
json.dumps(json_obj)
```

Pandas 中的 read_json 函数可以用来读取 JSON 文件。我们以一个玩具般的小型 JSON 文件（创建方式为先在 txt 文件中按 JSON 语法输入数据，然后将文件扩展名改为 json）为例：

```
! type "..\examples\json_ex.json"
[ {"CS": 54, "EE": 40, "SE": 23},
  {"CS": 63, "EE": 39, "SE": 47},
  {"CS": 76, "EE": 44, "SE": 27} ]
```

```
pd.read_json("..\examples\json_ex.json")
```

	CS	EE	SE
0	54	40	23
1	63	39	47
2	76	44	27

但是在业务场景中，我们遇到的 JSON 文件的结构会比上例中的玩具模型复杂得多，那时我们将很难再直接使用 read_json 函数读取 JSON 文件。

◎ **小结**

Python 标准库提供了基本的文件操作功能，但我们很难用它来实现复杂格式的文件的读写。Pandas 库则提供了 csv、Excel、HTML 等格式文件的读写功能，能够快速提取文件中的表格型数据。

Pandas 是 Python 数据分析最常见的工具之一；除了单独使用 Pandas 进行数据分析，人们也经常结合使用 Numpy、Matplotlib、SciPy 等数据分析工具。Pandas 提供了 Series、DataFrame、索引等数据结构，其中二维矩阵形式的 DataFrame 数据结构用途最为广泛，可以用来处理含不同类型数据的表格型数据。

外部数据的访问通常是数据分析的第一步，而本地文件数据则是外部数据的重要来源。接下来，我们会介绍更多外部数据的访问方法，然后再介绍数据处理等主题。

◎ **关键概念**

- **Pandas：** 一个为数据分析开发的大型的、高性能的 Python 开源库。
- **Series：** Pandas 提供了一种一维数组形式的数据结构，其中的数据须有相同的数据类型。
- **DataFrame：** Pandas 提供了一种二维矩阵形式的数据结构，其不同列数据可以有不同的数据类型。
- **索引**：Pandas 提供了一种一维数组形式的数据结构，用来为 Series 和 DataFrame 提供行列标签。
- **JSON**：一种简洁清晰、自由高效的数据交换格式。

◎　基础巩固

- 如果表 4-1 中的文件以模式"a"打开，Python 将创建新文件或者打开已存在的文件，然后在文件的末尾追加数据。请你将文件 Yeats.txt 的末行数据追加到文件 Yeats2.txt 末尾，再将文件 Yeats.txt 的倒数第二行数据追加到文件 Yeats2.txt 末尾，依此类推，直到把文件 Yeats.txt 的首行数据追加到文件 Yeats2.txt 末尾为止。
- 与字符串、列表等内建数据结构类似，DataFrame 也有自己的索引和切片操作，不过这些操作要借助 iloc 方法来实施。请对 4.2.2 节的 DataFrame 对象 philosophers 执行以下索引和切片操作：
  1）philosophers.iloc[3]
  2）philosophers.iloc[3, 1]
  3）philosophers.iloc[3:]
  4）philosophers.iloc[:, 1:]
  5）philosophers.iloc[:5:2, 1:]
  6）philosophers.iloc[::−1, :1]

◎　思考提升

- 虽然 open、pd.to_csv 等函数可以创建新文件，但它们都只能在已经存在的目录中创建文件，而无法在新目录中创建文件；也就是说，它们无法自行创建新目录。Python 标准库的 os 模块提供了一系列与操作系统有关的功能，其中就包括创建目录、查看文件占用的储存空间等。请读者参考阅读材料，学会用 os 模块进行创建文件等操作。

◎　阅读材料

- **Pandas 官网**：https://Pandas.pydata.org/
- **JSON 格式**：https://en.wikipedia.org/wiki/JSON
- **os 模块的使用**：https://docs.python.org/3/library/os.html

第 5 章 ●─○─●─○─●

Python 与数据库

■ 导引

我们往往会选择将个人数据以各类文件的形式储存在电脑或者移动硬盘上。但对一个企业或者组织而言，积年累月的交易与活动一定会产生大量的数据，这些数据就不再适合简单地用传统的文件系统来储存了。我们必须建立一个精密、强大的数据仓库来妥善地保管这些数据。

数据仓库必须以高效的组织形式来储存数据。当今的各个企业都会产生海量的数据；如果这些数据都以 Excel 表格的形式来储存，占用的内存将导致成本的激增。更重要的是，在瞬息万变的信息世界中，数据仓库必须在极短时间内给出企业需要查看的数据，或者更新企业需要修改的数据。当一条数据发生更新时，所有与之关联的数据都必须在短时间内做出更新。

一般来说，企业的每一名员工都会用到企业数据，每一位员工都会拥有使用数据仓库的权限。当然，不同任务分工的员工所拥有的使用权限是不一样的。例如，超市的售货员有权限查看商品的价格，却没有权限查看超市的总营业额；超市的财务人员有权限查看总营业额，却没有权限篡改总营业额。数据仓库必须提供一套可靠的权限分配机制，让员工只能操作自己职责范围内的数据，不能操作自己无权管辖的数据。

如何实现这样精细、强大的数据仓库？答案是用数据库系统。当我们要使用 Python 程序来分析数据库中的数据，或者要把 Python 数据分析的结果储存到数据库时，该如何实现 Python 与数据库的交互呢？

■ 学习目标

- 了解数据库的基本概念，掌握最基本的 SQL 语法，包括表的创建、数据的访问等；

- 学会使用 PyMySQL 库，实现 Python 和 MySQL 的交互，用 Python 程序执行 SQL 语句来操作 MySQL 数据库；
- 掌握 DataFrame 的数据合并和数据连接的方法。

数据库（database）是按照一定的数据结构来储存、组织、管理数据的仓库，通常是一个或一系列文件。20 世纪 60 年代以来，计算机需要储存和管理的数据量急剧增加，用户对数据储存的共享性、独立性的需求急剧上涨，数据库系统应运而生。数据库系统克服了文件系统的缺陷，实现了对数据的更高效的管理，使计算机得以储存与管理规模更庞大的数据。在现今的业务场景中，绝大多数的数据都不是储存在上章所提到的各种小型文件中，而是储存在数据库中。

数据库分为关系型数据库与非关系型数据库。简要地说，关系型数据库是以二维表格的形式组织起来的数据集合。对数据库的学习和研究，往往偏向于关系型数据库。

一般我们常常把**数据库管理系统**（database management system，DBMS）也简称为数据库。准确地说，数据库指的是数据的集合，而数据库管理系统是用于管理数据的软件。主流的数据库管理系统有 Oracle、MySQL 和 Microsoft SQL Server 等。本书使用的 MySQL 是甲骨文公司旗下的一款非常流行的开源的数据库管理系统，请读者自行安装 MySQL。

相对于非关系型数据库，关系型数据库有一个无与伦比的优势——对 SQL 的支持。**SQL**（structured query language），是一种数据库查询语言。灵活使用 SQL，你可以实现复杂的数据库操作。不过，不同的 DBMS 支持的 SQL 语法往往略有差异，你不能把 MySQL 里的 SQL 语句原封不动地移植到 Microsoft SQL Server 中使用。

一个振奋人心的好消息是，SQL 语法简洁易懂，比我们平时使用的 C++、Python 等编程语言要友好得多，初学者只需要较短的时间就可以掌握 SQL 的大部分基本语法。在学习本章之前，读者不妨先花一些时间了解 SQL 语法。不过，就算你从未学习过 SQL，也应该可以理解本章出现的 SQL 语句，它们的含义和作用往往是直白的。

5.1　Python 与数据库的交互

5.1.1　数据库的连接

使用 MySQL 的最直接的方法是利用其命令行的特性。也就是说，我们可以通过直接在命令行窗口中执行 SQL 语句来操作 MySQL 管理数据库。成功安装好 MySQL 后，我们在命令行窗口输入 mysql-u root-p 命令，进入 mysql 模式。

在 Windows 中，如果我们成功进入命令行的 mysql 模式，我们会看到如下界面。接下来的几条语句，我们都要在这个窗口中的 mysql> 行输入并执行，如图 5-1 所示。

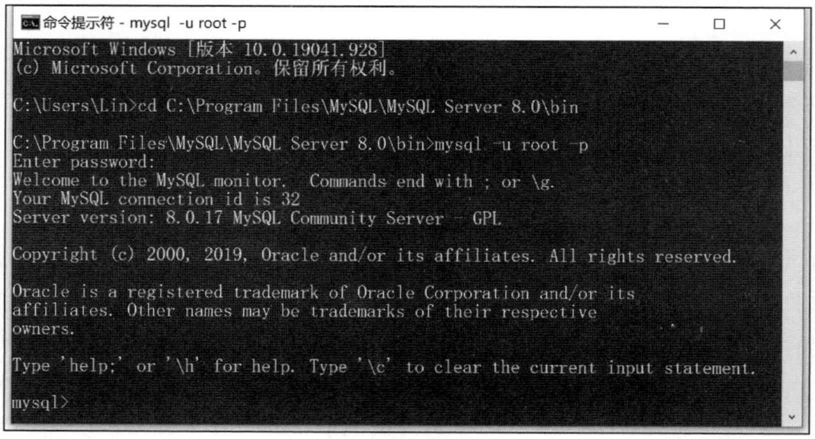

图 5-1 MySQL 模式下的 Windows 命令行

新创建一个名为"python"的数据库：

```
CREATE DATABASE python;
```

虽然 MySQL 并不区分字母的大小写，但是，用大写字母表示 SQL 关键字是更加规范的写法。在大多数情况下，SQL 语句的末尾的分号不能省略。然后，我们"使用"该数据库：

```
USE python;
```

在名为"python"的数据库中，创建一张新表：

```
# 创建一张名为 "students" 的表
CREATE TABLE students (
    id int not null AUTO_INCREMENT, # 学号，int 类型，不可为空，自动增长
    name char(20) not null DEFAULT 'Jack',
    # 姓名，定长的字符串类型，不可为空，默认值 "Jack"
    gender char(20),
    # 性别，定长的字符串类型
    school varchar(50),
    # 院系，可变长度的字符串类型
    grade char(2) not null DEFAULT 'A+',
    # 等级，定长的字符串类型，不可为空，默认值 "A+"
    primary key(id) # 把 id 列设置为主键
);
```

在该表中插入两行数据：

```
INSERT INTO students (
    id, gender, school, name, grade)
VALUES
    (2020666666, 'Female', 'School of Management', 'Mary', 'B'),
    (2020666667, 'Male', 'School of Economics', default, 'A+');
```

在命令行中查看我们创建的表，如图 5-2 所示。

```
SELECT * from students;
```

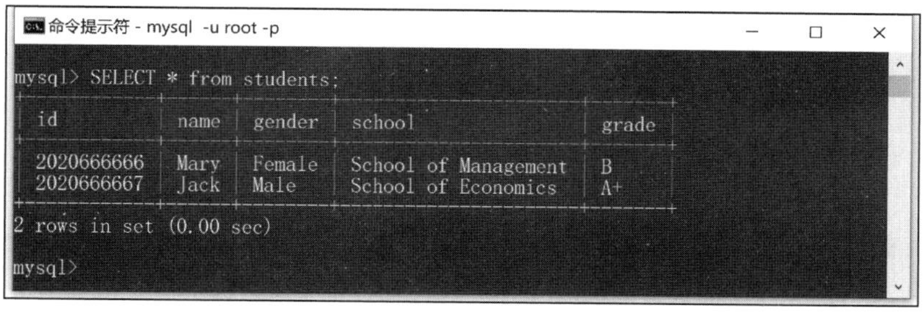

图 5-2　查看数据库中的表

接下来，回到我们熟悉的 Python。

MySQL 是当前最流行的数据库管理系统，Python 是当前最流行的编程语言，二者自然免不了有所交集。PyMySQL 是一个用于实现 Python 与 MySQL 交互的第三方 Python 包。现在，我们从黑白的命令行界面回到 Jupyter Notebook 或者其他的 Python IDE 中，导入 PyMySQL：

```
import pymysql
```

首先，我们要连接到某一个 MySQL 数据库：

```
db = pymysql.connect(host = 'localhost', user = 'root', password = '',
    db = 'python')
```

我们用 PyMySQL 的 connect 函数来连接数据库，其参数含义如表 5-1 所示。

表 5-1　pymysql.connect 函数的一些参数

参数	描述
host	MySQL 数据库服务器地址；若使用本地服务器，则为 localhost
user	用户名；默认的用户名为 root
password	密码
db	所要操作的数据库名
port	端口号

connect 方法返回的是一个 Connection 对象。我们可以通过调用 Connection 对象的 cursor 方法，获得一个游标：

```
cursor = db.cursor()
```

Python 与数据库的交互，基本上是借 SQL 实现的。游标可用于执行 SQL 语句，返回值为受 SQL 语句影响的数据的行数：

```
cursor.execute('SELECT * FROM students')
```

这个 SQL 语句的含义是，选出 students 表中的所有数据。调用游标对象的 execute 方法来执行 SQL 语句，获得的返回值是选择出的数据的条数（即数据在表中所占的行数）。此时，该游标对象中就包含了 SQL 语句选出的数据信息。调用游标对象的 fetchall 方法，以获得我们选出的所有数据：

```
cursor.fetchall()
```
```
((2020666666, 'Mary', 'Female', 'School of Management', 'B'),
 (2020666667, 'Jack', 'Male', 'School of Economics', 'A+'))
```

我们获得了一个元组，该元组包含的数据正是我们在本节开始时插入到数据库的数据。取出所有数据后，游标对象变为空：

```
cursor.fetchall()
```
```
()
```

将数据库中的数据储存到 DataFrame 中：

```
import pandas as pd
cursor.execute('SELECT * FROM students')
data = cursor.fetchall()
column_names = [cursor.description[i][0] for i in range(len(cursor.description))]
pd.DataFrame([list(i) for i in data], columns = column_names)
```

	id	name	gender	school	grade
0	2020666666	Mary	Female	School of Management	B
1	2020666667	Jack	Male	School of Economics	A+

像对待文件对象一样，我们也要记得关闭游标对象：

```
cursor.close()
```

其实，PyMySQL 库定义了多种不同的游标对象，比如字典型游标对象：

```
cursor = db.cursor(cursor = pymysql.cursors.DictCursor)
```

我们仍然执行之前的 SQL 语句，并用 fetchone 方法取出一条数据，取出的数据会以字典的形式存在：

```
cursor.execute('SELECT * FROM students')
cursor.fetchone()
```
```
{'id': 2020666666,
 'name': 'Mary',
 'gender': 'Female',
 'school': 'School of Management',
 'grade': 'B'}
```

5.1.2 数据库的修改

我们来对数据库做一些更复杂的操作——执行一条 INSERT 语句，插入一条新的数据：

```
sql = """
INSERT INTO students (
    id, gender, school, name, grade)
VALUES
    (2020666668, 'Male', 'School of Arts', 'Chris', 'A');
"""

cursor.execute(sql)
```
1

注意，上面的语句还没有最终实现数据的插入，execute 函数只是暂存了我们的操作。如果你此时就退出 Python 程序，然后再查看该数据库，你会发现数据库的 students 表中并没有插入新行。如果要修改数据库（插入、更新或删除），在执行完 execute 函数后，还需要提交我们的修改：

```
db.commit()
```

最后，还要关闭该数据库：

```
db.close()
```

现在，python 数据库的 students 表中有三行数据，如图 5-3 所示。

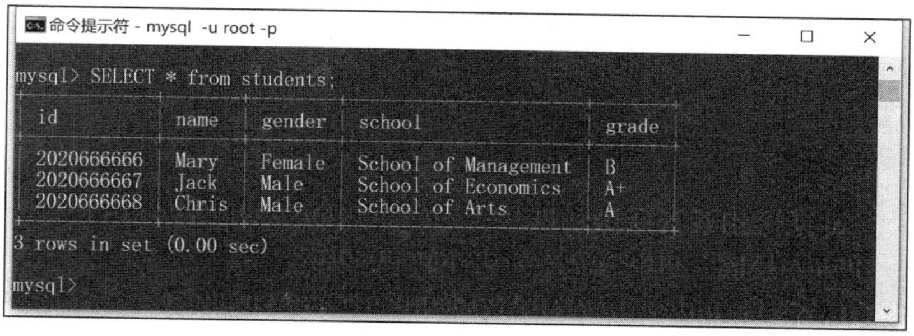

图 5-3　查看数据库中的表

如果要实现批量插入，除了循环调用 execute 函数执行 SQL 语句之外，还可以调用 executemany 函数来批量执行 SQL 语句。

对于数据库的修改操作，除了可以插入数据之外，还可以更新和删除，操作步骤如上所示，只需要将对应的 SQL 语句修改为 update 语句和 delete 语句即可。

5.1.3　DataFrame 的整体导入和导出

在前两节中，Python 和 MySQL 数据库的交互是以行为单位进行的；也就是说，我们只能逐行向数据库中插入数据，也只能从数据库中获取以行为单位的数据。那么，我们能否将数据库的整张表导入为 Python 中的 DataFrame，或者将 Python 的整个 DataFrame 导出为数据库的表呢？答案是当然可以的。

SQLAlchemy 是一个比 PyMySQL 更加灵活、更强大的 Python 与 SQL 交互的工具。从 SQLAlchemy 导入 create_engine 函数，然后用该函数创建与数据库的连接：

```
from sqlalchemy import create_engine
connect = create_engine('mysql+pymysql://root:password@localhost:3306/python?
    charset=utf8')
```

参数中的 root、password、3306 和 python 分别表示用户名、密码、端口号和数据库名，请读者根据自身的情况进行替换。

用 pd.io.sql.read_sql_table 读取数据库中的 students 表：

```
pd.io.sql.read_sql_table('students', connect)
      id          name     gender   school                  grade
0  2020666666  Mary    Female  School of Management  B
1  2020666667  Jack    Male    School of Economics   A+
2  2020666668  Chris   Male    School of Arts        A
```

用 pd.io.sql.to_sql 函数将 DataFrame 整体导出到数据库中：

```
students2 = pd.io.sql.read_sql_table('students', connect)
pd.io.sql.to_sql(students2, "students2", connect, index = False)
```

查看数据库，发现 DataFrame 已经被成功导出，如图 5-4 所示。

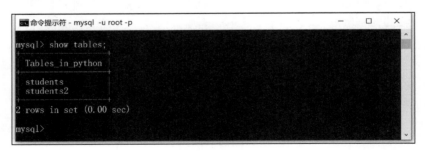

图 5-4　查看数据库中的表的列表

用 Pandas 和 SQLAlchemy 进行的数据整体导入 / 导出省略了编写 SQL 语句的工作。这种取巧的方法虽然简洁，但可能会因为某一个数据的导出失败而导致整个 DataFrame 的导出失败。

除了 PyMySQL 库，Python 内建的 sqlite3 库、第三方的 SQLAlchemy 库等也是 Python 中优秀的 SQL 工具库，读者可以利用这些工具轻松地让 Python 实现与数据库的交互。

5.2　数据的合并与连接

数据集的合并操作指的是依据一个或多个键来合并数据集，类似于 SQL 语言中的各种 JOIN 操作；我们一般用 Pandas 的 merge 函数来完成 Pandas 对象的合并操作。与合并类似的是数据集的连接操作，该操作指的是机械地横向或纵向黏合；我们主要用 Pandas 的 concat 函数实现 Pandas 对象的连接。不过在实际工作中，我们常常混用合并和连接两个词。因为数据的合并与连接在数据库的使用中极为常见，故将本节的内容置于了本章，尽管本节内容并没有使用数据库。

5.2.1　DataFrame 的合并

如果读者已经熟悉了 SQL，一定知道 SQL 中有几种不同的 JOIN 方式。Python 中 Pandas 对象的合并同样也有这几种不同的合并方式。执行合并操作时，我们在两张表（数据库中的表或 Python 中的 DataFrame）中各指定一列或多列为连接键。两表中有些行的连接键是相互匹配的，而有些行则是无法匹配的。数据集的合并操作，总是将匹配的行保留下来，并且视具体的合并方式来决定是否将不匹配的行也保留下来，几种不同的合并方式如表 5-2 所示。

表 5-2　几种不同的合并方式

方式	描述
inner	内连接，只合并两张表中连接键匹配的行；类似于取交集
left outer	左外连接，将右表合并到左表上，最大程度地保留左表的数据；类似于取交集和左表的并集
right outer	右外连接，将左表合并到右表上，最大程度地保留右表的数据；类似于取交集和右表的并集
outer	全外连接，最大程度地保留两表的所有数据；类似于取并集

上面对不同合并方式的描述听起来太过抽象；看过下面的例子后，读者自然会明白其间的差异。先创建两个 DataFrame：

```
left = pd.DataFrame({'key': ['a', 'b', 'c'], 'data1': [1, 6, 6]})
right = pd.DataFrame({'key': ['a', 'a', 'd'], 'data2': [2, 6, 6]})
```

```
left
```

	key	data1
0	a	1
1	b	6
2	c	6

```
right
```

	key	data2
0	a	2
1	a	6
2	d	6

在默认情况下，merge 函数采用的是内连接的方式：

```
pd.merge(left, right)
```

	key	data1	data2
0	a	1	2
1	a	1	6

如果没有显式地指定连接键，则 merge 函数会自动把两表的同名列（如上例中的 key 列）作为连接键。可以看到，在上面的例子中，left 表的第 0 行是与 right 表的第 0 和第 1 行相匹配的，这些行的 key 列的值是相同的。在 merge 的返回值中，匹配行的数据会被合并，其他行的数据会被舍弃。

如果把连接方式 right 传入 merge 函数的 how 参数中，并且把作为连接键的列名传入 on 参数：

```
pd.merge(left, right, on = 'key', how = 'right')
```

	key	data1	data2
0	a	1.0	2
1	a	1.0	6
2	d	NaN	6

也可以把左右表中不同名的列作为两表的连接键，将左表中 data1 列值为 6 的两行分别与右表中 data2 列值为 6 的两列相匹配，合并的结果有 2 * 2 = 4 行数据。多行对多行合并的结果是多行笛卡尔积的结果：

```
pd.merge(left, right, left_on = 'data1', right_on = 'data2', suffixes =
['1', '2'])
```

	key1	data1	key2	data2
0	b	6	a	6
1	b	6	d	6
2	c	6	a	6
3	c	6	d	6

再来试一下全外连接的合并方式：

```
pd.merge(left, right, how = 'outer')
```

0	a	1.0	2.0
1	a	1.0	6.0
2	b	6.0	NaN
3	c	6.0	NaN
4	d	NaN	6.0

也可以指定多个列为连接键：

```
pd.merge(left, right, left_on = ['data1', 'key'], right_on = ['data2', 'key'])
```

key data1 data2

在此之前，我们一直把 DataFrame 的列作为连接键。实际上，我们也可以把 DataFrame 的索引作为连接键。来看一组新的例子：

```
left = pd.DataFrame({'Cures': [30, 149,175, 41], 'Death': [29, 52, 66, 6]},
                    index = ['Korea', 'Italy', 'Iran', 'Japan'])
right = pd.DataFrame({'Confirmed': [30079, 4753, 1835]},
                     index = ['China', 'Korea', 'Italy'])
```

left

	Cures	Death
Korea	30	29
Italy	149	52
Iran	175	66
Japan	41	6

right

	Confirmed
China	30079
Korea	4753
Italy	1835

把 merge 函数的 left_index 和 right_index 两个参数设置为 True：

```
pd.merge(left, right, left_index = True, right_index = True, how = 'left')
```

	Cures	Death	Confirmed
Korea	30	29	4753.0
Italy	149	52	1835.0
Iran	175	66	NaN
Japan	41	6	NaN

直接调用 DataFrame 的 join 函数，也可以得到相同的效果：

```
left.join(right)
```

	Cures	Death	Confirmed
Korea	30	29	4753.0
Italy	149	52	1835.0
Iran	175	66	NaN
Japan	41	6	NaN

但是，join 函数没有 left_on 和 right_on 两个参数，故 join 函数只能以两表的索引或者同名列作为连接键而不能把不同名的列作为连接键；所以，join 函数的灵活性逊于 merge 函数。

5.2.2　DataFrame 的连接

Pandas.concat 函数的作用是连接两个或多个 Pandas 对象：

```
df1 = pd.DataFrame(np.random.randn(2, 3))
df2 = pd.DataFrame(np.random.randn(3, 2))
```

```
pd.concat([df1, df2])
```

	0	1	2
0	0.936049	-0.217843	0.686646
1	-0.538784	-0.494550	-0.547764
0	-0.512155	0.553019	NaN
1	-0.261825	-0.299582	NaN
2	-1.343290	-0.826759	NaN

```
pd.concat([df1, df2], axis = 1)
```

	0	1	2	0	1
0	0.936049	-0.217843	0.686646	-0.512155	0.553019
1	-0.538784	-0.494550	-0.547764	-0.261825	-0.299582
2	NaN	NaN	NaN	-1.343290	-0.826759

默认情况下，concat 函数将两个 DataFrame 纵向连接。从连接的结果看，Pandas 并不排斥重复的索引标签。

再看另一组例子：

```
df1 = pd.DataFrame(np.random.randn(2, 3), index = ['A', 'B'], columns =
    ['One', 'Two', 'Three'])
df2 = pd.DataFrame(np.random.randn(2, 2), index = ['B', 'C'], columns =
    ['Four', 'Five'])
```

```
df1
```

	One	Two	Three
A	-1.242557	0.454583	0.024067
B	0.403408	0.184608	0.352708

```
df2
```

	Four	Five
B	-1.395714	-1.385131
C	0.661714	0.949859

这两个 DataFrame 对象的行列索引不是默认的序号索引。用 concat 函数连接这两个 DataFrame，其实类似于以索引为连接键的合并操作：

```
pd.concat([df1, df2], axis = 1, sort = True)
```

	One	Two	Three	Four	Five
A	-1.242557	0.454583	0.024067	NaN	NaN
B	0.403408	0.184608	0.352708	-1.395714	-1.385131
C	NaN	NaN	NaN	0.661714	0.949859

连接后，我们无法直接判断新表中的哪些数据是来自原来的哪张表。为了解决这个问题，我们可以设置分层索引：

```
pd.concat([df1, df2], keys = ['df1', 'df2'], sort = False)
```

		One	Two	Three	Four	Five
df1	A	-1.242557	0.454583	0.024067	NaN	NaN
	B	0.403408	0.184608	0.352708	NaN	NaN
df2	B	NaN	NaN	NaN	-1.395714	-1.385131
	C	NaN	NaN	NaN	0.661714	0.949859

后续章节中，我们还会再详细地介绍分层索引。

◎ 小结

从宽泛的意义上来说，有数据的地方就有数据库，结构化的数据集都是数据库。数据库系统实现了数据的高效管理，使计算机得以储存与管理规模庞大的数据。在工作中，我们可以不操作具体的算法，但我们一定会操作数据，所以我们也几乎避不开数据库的使用。不过，读者们不需要关心数据库的底层实现，只需掌握数据库的顶层操作——增、删、改、查。当我们利用 Python 来管理数据库时，也一般要借助 SQL 语言。

MySQL 是最流行的开源的数据库管理系统。PyMySQL 包能够帮我们实现 Python 与 MySQL 数据库的交互，让我们用 Python 程序来执行 SQL 语句操作数据库。

数据的合并和连接是数据分析的常见操作。具体来说，合并操作是以一些数据为键来灵活地合并数据集，而连接操作是指机械地横向或者纵向拼接。

◎ 关键概念

- **数据库**：按照一定的数据结构来储存、组织、管理数据的仓库，包括关系型数据库和非关系型数据库。
- **数据库管理系统 DBMS**：一类用于为用户、应用程序和数据库提供交互功能的软件。
- **SQL**：数据库查询语言，被广泛应用于关系型数据库的数据管理。
- **MySQL**：最流行的开源的关系型数据库管理系统。
- **PyMySQL**：一个提供 Python 与 MySQL 交互接口的 Python 包。
- **SQLAlchemy**：一个强大的 Python 与 SQL 的交互工具。
- **DataFrame 的合并**：以一些数据为键来灵活地合并数据集的操作。
- **DataFrame 的连接**：机械地横向或者纵向拼接 DataFrame 的操作。

◎ 基础巩固

- 请在本地数据库中创建一张名为 Philosophers 的表，并把 4.2.2 节的 DataFrame 对象 philosophers 中的数据逐行插入其中。
- 请把 4.2.2 节的 DataFrame 对象 philosophers 导出为本地数据库中的一张名为 Philosophers2 的表。

◎ **思考提升**

- 请在 Python 中实现阅读材料"内连接、外连接和交叉连接"中的数据合并，两种快速将此网页中的数据转化为 DataFrame 的方法：

  1）将网页中的表格数据复制到 txt 文件中，然后用 pd.read_txt 函数提取为 Data-Frame；

  2）用 pd.read_html 函数提取网页中的所有表格；网页中的每一个表格都会被提取为一个 DataFrame，函数返回值将是由所有这些 DataFrame 组成的列表；列表的头两个元素即为待合并的 DataFrame。

◎ **阅读材料**

- **数据库及 SQL 简介**：https://www.guru99.com/introduction-to-database-sql.html
- **SQL 基础**：https://www.khanacademy.org/computing/computer-programming/sql
- **MySQL 官网**：https://www.mysql.com/
- **MySQL 安装指南**：https://dev.mysql.com/doc/mysql-installation-excerpt/8.0/en/general-installation-issues.html
- **PyMySQL 文档**：https://PyMySQL.readthedocs.io/en/latest/
- **SQLAlchemy 官网**：https://www.sqlalchemy.org/
- **内连接、外连接和交叉连接**：https://www.guru99.com/joins.html

第 6 章

Python 与网络爬虫

■ 导引

豆瓣电影 top250 的网站上列出了 250 部电影及每部电影的导演、上映年份等相关信息，如图 6-1 所示。如果你是一个热情洋溢的电影迷，你可能希望把所有主流的电影评价网站的 top250 榜单提取到同一个 Excel 文件中，以便你随时快速对比查阅。作为一个完美主义者，你希望提取经典电影的电影名、导演、评分、上映年份、分类等信息。当然你可以手动操作，通过复制粘贴来一部部、一条条地提取你想要的信息。可是，250 部电影信息的手动提取恐怕会花费你几十个小时的时间，这个成本你当然是不愿意承担的。作为狂热爱好者的你难道要选择放弃吗？

图 6-1　豆瓣电影 top250

如果你不是电影爱好者，而是股票爱好者，你需要提取的数据可能就是几千只股票在过去几千个交易日内的涨跌信息。这个量级的工作显然是不可能靠简单的复制粘贴就能完成的。

那么，如何解决你面临的窘境？Python 网络爬虫可以帮你完成机械而枯燥的复制粘贴工作。下面的代码就是网络爬虫提取豆瓣 top250 榜单的结果：

```
pd.read_csv(open("..\\examples\\films.csv"), sep = "\t")
```

	rank	title	year	grades	director
0	1	肖申克的救赎	1994	9.7	弗兰克·德拉邦特
1	2	霸王别姬	1993	9.6	陈凯歌
2	3	阿甘正传	1994	9.5	罗伯特·泽米吉斯
3	4	这个杀手不太冷	1994	9.4	吕克·贝松
4	5	美丽人生	1997	9.5	罗伯托·贝尼尼
...	...	...	...	...	...
245	246	E.T. 外星人	1982	8.6	史蒂文·斯皮尔伯格
246	247	末路狂花	1991	8.7	雷德利·斯科特
247	248	千钧一发	1997	8.8	安德鲁·尼科尔
248	249	变脸	1997	8.5	吴宇森
249	250	这个男人来自地球	2007	8.5	理查德·沙因克曼

```
250 rows × 5 columns
```

■ 学习目标

- 了解网页访问的基本流程，领会网络爬虫的概念、用途和基本原理；
- 学会使用 urllib 包或 requests 库请求网页，掌握简单的反爬虫方法；
- 学会用 XPath 语言或者 BeautifulSoup 库解析网页源码，提取网页中需要的数据。

网络爬虫（web crawler），是一种自动地完成互联网中信息数据采集和整理工作的技术。爬虫的基本操作是让程序模拟人的行为，到网络上的一个个角落找数据、记数据，就像一只虫子在沙漠里爬来爬去。

其实，我们的网络上已经爬满了无数的爬虫。一些爬虫是善意的爬虫。比如，谷歌等搜索引擎需要经常爬取全网的信息，把网页的信息储存在数据库中，从而为用户提供信息检索服务。而且，相比于其他搜索引擎的爬虫，谷歌的爬虫算法对网页内容的把控很到位且对网站服务器造成的负担很小，所以其实是很受欢迎的爬虫。

不过，网络上的大多数爬虫都是不受欢迎的恶意爬虫。中国铁路的 12306 系统是最受恶意爬虫影响的网站之一。2018 年春运期间，12306 日均页面浏览量达到 556.7 亿次，最高峰时段页面浏览量达 813.4 亿次，1 小时最高点击量 59.3 亿次，平均每秒 164.8 万次。就算全中国的人都要到 12306 网站买票，平均每人每天也要访问 40 余次 12306 网站，这几乎是不可能的。可以推知，12306 网站的访问量，只有很少一部分是手动访问，绝大多数是爬虫的访问。这样的爬虫程序虽然方便了使用爬虫的抢票者，但却是对不懂爬虫的普通民众的极大的不公平，并且会给 12306 系统的服务器造成可怕的负担。所以，12306 系统不得不设置复杂的验证码来最大限度地抵御爬虫的进攻。

而且，与搜索引擎不同，抢票程序等恶意爬虫往往使用的是非常低层次的爬虫算法，会给服务器造成很大的负担。用经济学术语来说，恶意爬虫有很大的负外部性。所以，我们建议读者理性地看待和使用网络爬虫这项技术，尽量把网络爬虫用于正途。本书介绍网络爬虫技术，是期望读者利用爬虫技术从网络上获取感兴趣的数据内容，来进行深层次的数据分析，从而让数据发挥出更大的社会价值。

虽然恶意爬虫对社会有负面影响，但我国暂时难以有效地通过具体的法律法规对网络爬虫进行管控。所以，被恶意爬虫的网站，往往不得不想办法自救。常见的反爬虫机制有图片验证码、滑块验证、封禁 IP 等。我们对爬虫的学习是出于善意的目的，但我们也会面临这些为恶意爬虫设计的反爬机制的困扰。

6.1　爬虫的基本原理

爬虫的基本流程如图 6-2 所示。

图 6-2　爬虫基本流程

我们已经知道，网络爬虫是让程序代替操作者去自动检索网络上的信息的。所以，网络爬虫其实很大程度上就是模仿人工浏览网页的过程。为了理解爬虫的基本流程，我们不妨先看看我们平时浏览网页时的信息交互过程。

当我们用鼠标点击网页上的一个链接时，会跳转至一个新的网页。**链接**（link）指一串与某个 URL 相关联的文本串。**URL**（universal resource locator），统一资源定位符，就是资源在网络上的一个定位标识，也就是我们平时理解的"网址"。URL 不仅可以定位一个网页，而且可以定位网页的某个部分（例如，一个网页上的一个视频）。举个例子，当我们点击"清华大学"这个链接时，我们的浏览器就会向这个链接背后的 URL "https://www.tsinghua.edu.cn/"对应的那个网页发送**请求**（request）。维护相应网站的服务器，在收到了请求之后，如果判定那个请求是合法的，就会把一些**响应**（response）返回给请求者。浏览器会将响应解析为普通人可以看懂的样子，也就是我们见到的网页的模样。于是，我们就看到了清华大学的官网。

爬虫的过程其实类似于上述浏览网页的过程。程序向网页发送请求，并且获得响应。然后，程序并不一定要把全部的响应解析为普通人可以看懂的样子，程序可能只需要响应并解析其中我们需要的那些部分。然后程序将解析出来的数据保存到文件或者数据库中。一个网站的爬虫就完成了。

Python 爬虫常用的工具有以下这些，如表 6-1 所示。

表 6-1　Python 爬虫的一些常用工具

工具	描述
urllib	Python 标准库，用于发送 HTTP 请求，其 request 模块用于打开和读取 URL
requests	HTTP 请求库，类似 urllib，但比 urllib 更加简洁、更加友好
lXML	解析库，支持 HTML 和 XML 的解析，支持 XPath 的解析方式，解析效率高
BeautifulSoup	解析库，支持 HTML 和 XML 的解析
selenium	用于 Web 应用程序测试的工具，可以驱动浏览器执行指定的操作
scrapy	为网络抓取而设计的应用框架，可用于自动化测试和爬虫等领域

6.2　爬虫的基本流程

6.2.1　请求与响应

urllib 是 Python 内建的 HTTP 请求包。使用 urllib 中的 request 模块，可以很轻松地完成爬虫的第一步——发送请求，并且得到响应。我们使用该模块中的 urlopen 函数，将主参数设置为我们要访问的那个网站的 URL：

```
import urllib.request
response = urllib.request.urlopen("https://www.zhihu.com/")
```

只用简单的两行代码，我们就获得了该网站的响应。此处的 **response** 是一个 HTTPResponse 类型的对象：

```
response
<http.client.HTTPResponse at 0x21af5de98d0>
```

我们不妨用 HTTPResonse 对象的 read 方法来看一看，网页的响应到底是什么内容：

```
response.read().decode("utf-8")
'<!doctype html>\n<html lang="zh" data-hairline="true" data-theme="light">
  <head><meta charSet="utf-8"/><title data-react-helmet="true"> 知乎 -
  有问题，上知乎 </title><meta name="viewport" content="width=device-width,
  initial-scale=1,maximum-scale=1"/><meta name="renderer" content="webkit"/>
  <meta name="force-rendering" content="webkit"/><meta http-equiv="X-
  UA-Compatible" content="IE=edge,chrome=1"/><meta name="google-site-
  verification" content="FTeR0c8arOPKh8c5DYh_9uu98_zJbaWw53J-Sch9MTg"/>
  <meta name="360_ssp_verify" content="93776dd179d5731b974321fcdd4e56
  3a"/><meta name="description" property="og:description" content=" 有
  问题，上知乎。知乎，可信赖的问答社区，以让每个人高效获得可信赖的解答为使命。知乎凭
  借认真、专业和友善的社区氛围，结构化、易获得的优质内容，基于问答的内容生产方式和独
  特的社区机制，吸引、聚集了各行各业中大量的亲历者、内行人、领域专家、领域爱好者，将
  高质量的内容透过人的节点来成规模地生产和分享。用户通过问答等交流方式建立信任和连
  接，打造和提升个人影响力，并发现、获得新机会。"/>
......
```

这是 HTML 格式的网页源代码。我们在浏览器中打开一个网页，右键单击"查看网页源代码"，看到的正是上述这样的 HTML 文档。我们看到的精致的网页，其实都是 HTML 代码在浏览器的渲染下生成的[○]。

6.2.1.1 参数传递

现在的网页大多是动态网页，其内容或随时间、环境等因素而改变。有时，我们需要动态地给网站传递一些参数，网站会根据参数动态地做出响应。最典型的例子是，当我们在一个网站上登录我们的账户时，其实就是传递了用户名和密码两个参数。

GET 方式和 POST 方式是 http 协议中的两种发送请求的方式。我们可以不用知道什么是 http 协议，只需要简单地把这两种方式理解为爬虫给网站传递参数的两种方法即可。

POST 方式会把 URL 之外需要传递的参数单独打包为一个数据包。我们将需要传递的参数储存在一个字典中，字典中索引的命名与具体网站的要求有关。然后通过 urllib 包中 parse 模块里的 urlencode 函数来生产一个数据包，并用 bytes 函数将此数据包转换为字节流，再把网站 URL 和数据包一起传递给 urllib.request.urlopen 函数，就可以得到网站的响应：

```
import urllib.parse
data = {'username': '666666', 'password': '88888888'}
post = bytes(urllib.parse.urlencode(data), encoding='utf8')
response = urllib.request.urlopen('https://www.zhihu.com/', post)
response.read().decode("utf-8")
```

```
'<!doctype html>\n<html lang="zh" data-hairline="true" data-theme="light">
 <head><meta charSet="utf-8"/><title data-react-helmet="true">知乎 -
 有问题，上知乎</title><meta name="viewport" content="width=device-width,
 initial-scale=1,maximum-scale=1"/><meta name="renderer" content=
 "webkit"/>
......
```

当我们在研究网站对用户的内容精准投送时，可能就需要让爬虫以某个特定的账户来登录网站，这时就要通过上面的 POST 方式向网站传递数据。很可惜，在上面的例子中，就算输入了正确的用户名和密码，也不会得到我们想要的结果。实际运用中，我们总会遇到理想状况下不曾考虑的问题。我们只介绍最基本的原理，读者若有兴趣，不妨自行深究。

GET 方式则很简单，只需把要传递的参数记在 URL 上，构建一个带参数的 URL 即可。比如：

```
https://github.com/search?p=2&q=crawler&type=Repositories
```

这是在 Github 上搜索 crawler（爬虫）结果的第二页的 URL，其中 p=2 表示第二页，q=crawler 表示搜索的关键词是 crawler，type=Repositories 的意思我们无须了解，三个等

[○] 更准确地说，网页是由 HTML、JavaScript 和 css 三种语言写成的，三者分工不一，HTML 是其中最根基的部分。

式之间用 "&" 连接。更改 URL 中的参数值，我们就可以得到不同的响应：

```
page = 1
keyword = "BaiduyunDownload"
url = https://github.com/search?p={}&q={}&type=Repositories.format(page,keyword)
request = urllib.request.Request(url)
response = urllib.request.urlopen(request)
```

上例中，我先用 Request 函数构建了一个 request 类对象，再将这个对象传给 urlopen 函数从而发送请求并获得响应，其实也可以直接用 urlopen 函数一次性完成两个步骤。

6.2.1.2 user-agent 和 proxy

user-agent，即用户代理，是一种向访问的网站提供你所使用的浏览器类型和版本、操作系统及版本等信息的标识。当我们通过浏览器来访问网站时，浏览器会向网站发送一个 user-agent，网站可以根据 user-agent 的不同返回不同的响应。比如说，当我们用手机和电脑的浏览器访问同一个网站时，我们看到的网页的排版很可能是有差异的，这是因为网站根据不同的 user-agent 做出了差异化的响应。

在爬虫的时候，我们并没有使用浏览器，在默认情况下也就没有发送 user-agent，目标网站可能因而识别出爬虫，于是拒绝我们的请求。所以，当面对比较"聪明"的网站时，我们需要把爬虫伪装成浏览器。也就是说，我们需要手动给爬虫设置 user-agent。

```
url = 'http://baidu.com'
headers = {'User-Agent': "Mozilla/5.0 (compatible; MSIE 10.0; Windows NT
    6.2; Win64; x64; Trident/6.0)"}
request = urllib.request.Request(url, headers = headers)
response = urllib.request.urlopen(request)
response.read().decode("utf-8")
```
```
'<html>\n<meta http-equiv="refresh" content="0;url=http://www.baidu.com/">
    \n</html>\n'
```

我们在网络上随意找了一个火狐浏览器的 user-agent，将这个 user-agent 储存在一个字典中，索引为 User-Agent。通过 Request 函数来请求时，将函数的 headers 参数设置为这个字典，就可以将 user-agent 发送给目标网站了。百度就是一个比较"聪明"的网站。当我们爬虫百度时，如果不设置 Request 函数的 headers 参数，即不设置 user-agent，百度给我们的响应里就几乎没有任何内容，读者不妨尝试一下。

如果你过多地通过爬虫访问一个网站，这个网站很可能会禁止你短时间内的再次访问。那么网站如何知道是你，而不是其他人在访问呢？它可能是通过你的 ip 地址来标识你的身份的。如果网站禁止了我们的 ip 地址对其的访问，我们就需要伪装成别的 ip 地址，类似于伪装成另一台电脑去爬虫。也就是说，我们需要使用代理服务器 **proxy**。之前我们设置 user-agent 是让爬虫伪装成浏览器，现在我们设置 proxy 是让爬虫伪装成另一台设备。

```
proxy = {'http': '180.118.128.105:9000'}
proxyHeader = urllib.request.ProxyHandler(proxy)
opener = urllib.request.build_opener(proxyHeader)
urllib.request.install_opener(opener)
```

设置代理的过程很简单。最困难且关键的步骤其实是准备工作——寻找一个优良的 proxy。便宜没好货，免费的代理服务器往往是速度缓慢且不稳定的。如果不使用付费的代理服务器，而从免费的网站上寻找 proxy 的话，那可能需要先写一个 Python 程序帮我们先爬取这个网站上的所有代理服务器，并且检测这些代理服务器的质量，挑选出优良的 proxy 供我们继续爬虫。

除了通过 user-agent 和 proxy，网站服务器还可以通过 Cookie 来辨明请求者的身份。**Cookie** 是指浏览器存储在用户端的一个很小的文本文件。服务器为了有针对性地给每个用户响应个性化的内容，会给每个访问该网站的用户发送一个 Cookie，Cookie 上记录了该用户对该网站的访问的相关信息。比如，Cookie 刚诞生时就是被用来记录用于网上购物的购物车历史记录。该用户下一次访问该网站时，需要把本地存储的 Cookie 发送给网站，网站就能够知道这次访问是来自之前的某位访问者。爬虫有时也需要模拟 Cookie 操作。

尽管我们已经有了三个伪装的方法——设置 user-agent、设置 proxy 和操作 Cookie，但爬虫还是很容易被目标服务器发现。有些目标服务器可能会立刻拒绝请求；有些目标服务器可能会发送一个错误的响应来玩弄爬虫；而有些目标服务器可能选择不回应也不拒绝。我们要注意爬虫过程中的异常处理。为了避免在不切实际的目标上浪费时间，我们可以设定一个阈值，一旦耗时超过这个时间，就头也不回地驶向下一站。我们通过设置 urlopen 函数的 timeout 参数来规定程序在请求某网站时等待的最大时间（单位为秒），以防止一些网站反应过慢而给爬虫造成负面影响：

```
response = urllib.request.urlopen(request, timeout = 10)
```

6.2.2　解析和保存

HTML 网页是我们最常见到的网页。在上一节我们看到，当我们向网站发送请求后，网站服务器很可能会向我们响应一个 HTML 文档。我们要从 HTML 文档中解析出需要的内容。在前边的章节中，读者可能已经注意到，Python 已经内建了一个 read_html 函数用于读取 HTML 文件。可惜，read_html 函数与 read_csv 和 read_json 等函数很类似，主要是用于读取表格形式的文件。然而网页的内容远比表格复杂，几乎不可能用 read_html 函数来解析。现在，我们来介绍几种解析网页 HTML 内容的方法。几种方法各有优劣，适用于不同情况下的 HTML 解析。

第一个方法是利用正则表达式来进行 HTML 解析。

我们以京东为例，在京东上搜索 "Python"。如果我们要研究不同电商平台上商品的价格差异，或者编写一个比价程序，那么我们首先要在电商网站上爬取商品的相关数据。当我们成功地获得了网站的源代码后，该如何从这个庞大的 HTML 文档中摘出我们需要的数据，比如商品的名称和价格呢？我们不妨使用 Chrome 浏览器，在网页中找到我们需要的数据，比如图 6-3 中的商品名称"Python 编程 从入门到实践"，右键单击后选中"检查"，浏览器即会弹出图右侧所示的窗口，窗口中即为 HTML 源代码与我们选中的数据相对应的部分。

图 6-3　Chrome 的"检查"功能

对多个商品的商品名进行上面的"检查"操作后，我们会发现，所有的商品名都位于 <font class="skcolor_ljg"> 模块的内部以及正后方。所以，我们只需要在 HTML 文档中找到所有的 <font class="skcolor_ljg"> 字符串，也就相当于定位到了所有商品的名称。那么，如何在一个文档中寻找一个符合某种条件的字符串呢？我们此前学习过的正则表达式就可以派上用场了。

我们需要提取的网页信息在网页的 HTML 源代码中对应的部分，往往具有某些特定的特征。我们只需要编写出符合这些特征的正则表达式，然后利用 Python 标准库提供的 re 模块中的某些函数，就可以精准地在 HTML 文档中找到对应的部分，从而提取需要的数据。

利用正则表达式是一个基石性的 HTML 解析方法。但是，新手往往很难正确地编写出支持高速匹配的正则表达式。而且，Python 中已经有足够多的高级库可用于 HTML 解析，可以应对大多数实际需求。关于利用正则表达式的方法，我们知晓其原理即可；我们不妨更多地关注 BeautifulSoup 库和 lXML 库的使用。

之前我们使用 Python 内建的 urllib 包来获取网页源代码。现在我们改用更加简洁的 **requests** 库来完成这个工作：

```
import requests
url = 'https://search.jd.com/Search?keyword=Python&enc=utf-8&qrst=1&rt=1&'\
    'stop=1&vt=2&wq=Py%27t%27hon&0.5200396945268548#J_main'
headers = {'user-agent': 'Mozilla/5.0 (Windows NT 10.0; Win64; x64) '\
```

```
        'AppleWebKit/537.36 (KHTML, like Gecko) Chrome/79.0.3945.117 Safari/537.36'}
response = requests.get(url, headers = headers)
response.encoding = 'utf-8'
```

我们以字典的形式构造请求头，将 user-agent、cookie、referer 等信息储存于其中，并再调用 requests.get 函数时将 headers 参数设置为此字典。幸运的是，为了获得这个京东网站的源代码，我们只需要设置 user-agent，而可以忽略请求头中其他信息的设置。爬虫其他的网站时，你可能需要构造一个包含了各种信息的完整的请求头。

6.2.2.1　XPath

XPath 是 XML 路径语言，是一种用来定位 XML 文档的某个部分在文档中的位置的语言。XML 文档、HTML 文档都可以被视作节点树，我们可以依据 XPath 语法写出 XML 文档中某节点的路径表达式。XML 是不同于 HTML 的另一种语言，但二者的确有一些联系，XPath 也可以用来对 HTML 文档内容进行定位，XPath 路径表达式中的一些特殊字符和几个例子如表 6-2 和表 6-3 所示。

表 6-2　XPath 路径表达式中的一些特殊字符

字符	描　述
nodename	选取名为 nodename 的节点
/	从当前节点选取其直接子节点。出现在开头时，表示从根节点开始选取
//	从当前节点选取其所有后代节点
.	选取当前节点
..	选取当前节点的父节点
@	选择某种属性
*	选取所有节点

表 6-3　XPath 路径表达式的几个例子

字符	描　述
Europe	选取名为 Europe 的节点
/Europe	选取根节点 Europe
Europe/Greece	从 Europe 节点的子节点中选取 Greece 节点
//div	选取文档中所有的（任意位置的）div 节点
Europe//div	从 Europe 节点的所有后代节点中选取 div 节点
Europe/div[1]	选取 Europe 节点的第一个 div 子节点
Europe/div[last()]	选取 Europe 节点的最后一个 div 子节点
Europe/div[position()>1]	选取 Europe 节点的第二个及之后所有的 div 子节点
//div[@lang]	选取文档中所有的拥有 lang 属性的 div 节点
//div[@lang='Greece']	选取文档中所有 lang 属性等于 Greece 的 div 节点
Europe/div[@lang='Greece' or position()>1]	在 Europe 节点的第二个及之后的所有 div 子节点中，选取 lang 属性等于 Greece 的 div 节点
//div[@lang='Greece' and not(contains(@id,'Athens'))]	选取文档中所有 lang 属性等于 Greece 且 id 属性不等于 Athens 的 div 节点

读者只需要稍微了解 XPath 的语法规则即可，不必亲自编写 XPath 路径表达式，我

们可以利用浏览器来获取网页中特定元素的 XPath，仍然以 Chrome 浏览器为例，在网页源代码中找到我们需要的数据的那部分，右键单击后选择 Copy，再选择 Copy XPath，我们就获取了一个 XPath 路径表达式，如图 6-4 所示。

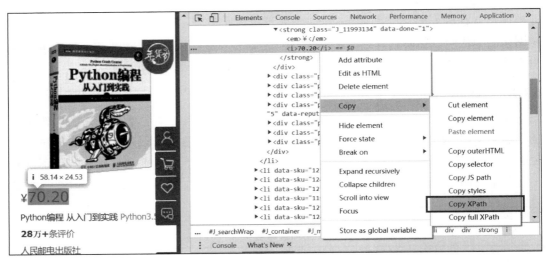

图 6-4　获取 XPath

图 6-4 中商品的价格的 XPath 为 //*[@id="J_goodsList"]/ul/li[1]/div/div[2]/strong/i。再获取几个其他商品的价格的 XPath 路径表达式后，我们会观察到，所有的价格数据的 XPath 都形如 //*[@id="J_goodsList"]/ul/li[?]/div/div[2]/strong/i。所以，我们不妨先定位到所有的 //*[@id="J_goodsList"]/ul/li 节点，然后再定位到每个这样的节点的后代 div/div[2]/strong/i 节点：

```python
from lxml import etree
import pandas as pd


html = etree.HTML(response.text)
datas = html.xpath('//*[@id="J_goodsList"]/ul/li')
results = {'name':[], 'price':[]}
search_results = pd.DataFrame(results)
# 创建空数据框，用于储存搜索结果


for data in datas:
    name = data.xpath('div/div[3]/a/em/text()')
    price = data.xpath('div/div[2]/strong/i/text()')
    if(len(name) == 1):
        name = "Python" + name[0]
    elif(len(name) == 2):
        name = "Python".join(name)
    if(len(price) == 1):
        price = price[0]
    # 将列表型的 name 和 price 转化为字符串
```

```
search_results.loc[len(search_results)] = [name, price]
# 将 name 和相应的 price 存入数据框中

search_results.to_csv("..\examples\SearchForPythonOnJD.csv", encoding =
    'utf_8_sig', index = False)
```

我们已经用 requests 库获取了网页的 HTML 文档。然后我们从 IXML 库中导入 etree 模块。先调用 etree.HTML 函数来解析 HTML 文档，再用 XPath 方法定位所有的 //*[@ id="J_goodsList"]/ul/li 节点，返回值为由这些节点组成的列表。之后，我们遍历此列表，即可利用 XPath 方法获取所有的书名节点和对应的价格节点的文本（XPath 路径表达式末尾的 \text() 表示文本）。因为 XPath 方法的返回值类型为列表，所以我们还要将列表转化为字符串，并补充字符串缺失的关键词 "Python"。最后，将数据存储到 DataFrame 对象中，并用前边章节介绍的方法将 DataFrame 对象导出为 csv 文件即可。这是导出的 csv 文件的末尾部分，如图 6-5 所示。

我们在京东上爬取了 30 个商品

21 Python深度学习	94
22 Python Cookbook（第3版）中文版	85.1
23 教孩子学编程 Python语言版	46.6
24 深度学习入门 基于Python的理论与实现	46.6
25 Python学习手册 原书第5版(2册) 华章图书 O'Reilly精品图书系列	147.9
26 疯狂Python讲义	103.8
27 Python金融大数据挖掘与分析全流程详解	88.9
28 Python从入门到精通（软件开发视频大讲堂）	79.8
29 Python算法图解	38.7
30 Python编程（第4版 套装上下册）	143

图 6-5　京东爬虫结果

的信息。京东商城上有 9 万多个与 Python 有关的商品，为什么我们爬虫的结果却只有 30 行？因为我们其实只爬取了搜索结果的第一页。实际上，每一页搜索结果的 URL 仅仅在某些参数上有细微的差别，我们可以通过 GET 方法来向 URL 传递这些参数。建议读者尝试写出能够爬取所有搜索结果的爬虫算法。

6.2.2.2　BeautifulSoup

HTML 文本是由标签构成的，而且常常非常杂乱、混乱，故被国外的程序员戏称为 tag soup。为了便捷地从 tag soup 中提取信息，让杂乱的信息变得美丽起来，人们开发了一个可以快速从 HTML 文本中提取数据的 Python 库，并命名为 **BeautifulSoup**。

相比于上一小节的 XPath 定位法，BeautifulSoup 解析要略微麻烦一些。在使用 BeautifulSoup 解析 HTML 文档时，我们需要观察 HTML 文档结构来获取节点的定位。

这是利用 requests 库和 BeautifulSoup 库爬取京东 Python 商品的完整程序：

```python
import requests
from urllib.parse import urlencode
from bs4 import BeautifulSoup
import time

def SearchForPython(page, s):
    paras = {
        'keyword': 'Python',
        'enc': 'utf-8',
        'qrst': '1',
```

```
                'rt': '1',
                'stop': '1',
                'vt': '2',
                'wq': 'Python',
                'page': page,
                's': s,
                'click': '0',
                }  # url 的各种参数
        url = 'https://search.jd.com/Search?' + urlencode(paras)
        headers = {'user-agent': 'Mozilla/5.0 (Windows NT 10.0; Win64; x64) '\
        'AppleWebKit/537.36 (KHTML, like Gecko) Chrome/79.0.3945.117 Safari/537.36'}
        response = requests.get(url, headers = headers)
        response.encoding = 'utf-8'
        return response

    def GetGoods(r, s):
        soup = BeautifulSoup(r.text, 'lxml')
        goods = soup.find_all(name = 'div', attrs = {"class": 'gl-i-wrap'})
        for good in goods:
            p_name = good.find(name = 'div', attrs = {'class': 'p-name'})
            name = p_name.find(name = 'em').get_text()        # 获取商品名称
            p_price = good.find(name = 'div', attrs = {'class': 'p-price'})
            price = p_price.find(name = 'strong').get_text() # 获取商品价格
            s += 1
            Store(name, price)

    if __name__ == '__main__':
        page = 1
        global s
        s = 1
        for i in range(5):
            page += 2 * i
            re = SearchForPython(page, s)
            GetGoods(re, s)
            time.sleep(0.1)   # 若访问过于频繁，容易被反爬虫，故设置休眠时间
        # 遍历全部的一百页搜索结果
```

先看定义的第一个函数 SearchForPython。字典 paras 储存的是某一页搜索结果的 URL 的各个参数。我们如何知道 URL 需要的参数以及参数的取值？通过观察每一页搜索结果的 URL 即可。对于取值固定的参数，我们不必了解其具体含义。对于每一页的 URL 中取值不同的参数，我们最好大致弄清楚其含义，以便正确地对其赋值。比如，page 参数显然与页码有关。通过观察我们可以得到规律，第 i 页搜索结果的 URL 的 page 参数取值为（2i + 1）。s 参数的规律则不那么明显。经过一番仔细的推敲，我们可以发现 s 参数的值其实是每一页的第一个商品在所有商品中的排位，也就是此页前的商品总数加一。不过，就算我们想不出 s 参数的含义，对 s 随意赋值，也不会造成太大的负面影响。然后，我们把 paras 字典传递给 urllib.parse 模块中的 urlencode 函数，生成含参数的 URL。再用

此前的方法发送请求，即可获得响应。

再看定义的第二个函数 GetGoods，此函数利用 BeautifulSoup 库来解析 HTML 文档。第一行的作用是将 HTML 文档转换为复杂的树形结构，并且利用了 lxml 解释器。第二行的 find_all 方法会返回一个列表，列表的每一个元素都是一个标签对象，这些标签对象对应的 HTML 节点名为 div（find_all 的 name 参数），都用 class 属性且 class 属性取值为 gl-i-wrap（find_all 的 attrs 参数）。检查网页，我们可以发现，这样的节点与商品是一一对应的，如图 6-6 所示。

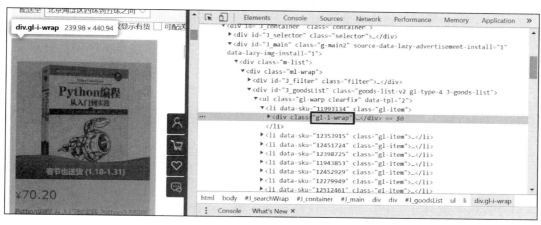

图 6-6　寻找目标节点

然后，我们遍历这个列表，也就是遍历此 URL 中的所有商品。对于每个商品，我们使用标签对象的 find 函数，最终定位到书名或价格所在的节点，再利用 get_text 方法得到书名或价格的字符串。于是，就得到了我们需要的数据。这里用 Store 函数表示利用、储存数据的过程，读者不妨自行决定此函数的内容。

在主函数中，我们遍历一百页的搜索结果，利用上述的两个函数爬取每一页的数据。如果我们在极短时间内一百次访问京东服务器，很可能会被识别为爬虫。所以，我们最好在每两次访问之间等待 0.1s。如果想进一步伪装，你还可以将这个等待时间设置为一个随机数。你也可以预先设置多个 user-agents，每次访问网站时随机使用其中一个。

◎ 小结

网络爬虫的基本流程是发送请求、获得响应、解析内容和保存数据。我们用 urllib 包或者 requests 库完成网页的请求和响应。其中，发送请求时用 GET 和 POST 两种方式来完成参数传递。为了防止网页拒绝响应爬虫，我们可以采取设置 user-agent、proxy 和 Cookie 等方式来使爬虫尽量逼真。然后，我们用 XPath 定位法或者 BeautifulSoup 库来完成网络源码，即 HTML 文档的解析。

本章中，我们已经介绍了利用 Python 进行网络爬虫的一些简单方法，读者不妨动手尝试一下网络爬虫。爬虫程序很容易碰到异常状况，我们最好保证我们的程序具有一定的"健壮性"，即能够优雅地处理异常。

如果读者想更加深入地钻研爬虫，则需有较为扎实的计算机网络相关知识基础。对 http 协议的深入理解将有助于我们完成爬虫的前两步；对 HTML、JSON 等语言的学习将有益于我们解析网页内容。爬虫入门虽易，但钻研起来却是长路漫漫。不过，爬虫毕竟只是工具，读者不妨依据实际应用的需要来进行爬虫的学习。

◎ **关键概念**

- **网络爬虫**：一类自动地完成互联网中信息数据采集和整理工作的程序。
- **URL**：统一资源定位符，又称网址，用于在计算机网络中定位某个网页资源。
- **HTML**：超文本标记语言，常与 JavaScript 和 css 语言一起被用于网页的构建。
- **HTTP**：超文本传输协议，互联网中应用最广泛的网络协议，定义了互联网中数据传输的一系列规则。
- **urllib**：Python 标准库提供的 URL 功能包。
- **requests**：一个易于使用的第三方的 HTTP 请求库。
- **user-agent**：用户代理，一种向访问的网站提供你所使用的浏览器类型和版本、操作系统及版本等信息的标识。
- **Proxy**：代理服务器，用于隐藏爬虫程序真正的 IP 地址。
- **Cookie**：浏览器存储在用户端的一个小型的文本文件，用于记录用户的状态信息。
- **XPath**：XML 路径语言，是一种用来确定 XML 或 HTML 文档的某个部分在文档中的位置的语言。
- **lxml**：一个性能强大的 XML 及 HTML 文档解析库，支持 XPath 解析方法。
- **BeautifulSoup**：一个用于从 HTML 或 XML 文档中提取数据的 Python 库。

◎ **基础巩固**

- 请读者爬取图 6-1 所示网站，将数据整理为文件 films.csv 所示格式，且尽可能多地获取数据，并注意以下几点：
  1）请控制访问网站的频率，以防止被反爬虫机制捕捉；
  2）从源码中提取的原始数据可能不是你所期待的样子，你需要对字符串做一些截取操作来提取你真正关心的数据。

◎ **思考提升**

- 请读者打开东方财富网数据中心（http://data.eastmoney.com/cjsj/cpi.html）网页如图 6-7 所示，给出下列元素的 XPath：
  1）框 1 的所有表名；
  2）框 1 的所有表的链接网页的 URL；

3）框 2 的所有数据；

4）框 3 的所有数据。

　　你可以独立编写出 XPath 表达式，也可以用 6.2.2.1 节的方法获取 XPath 表达式。Chrome 浏览器的插件 XPath helper 或许能给你一些帮助。

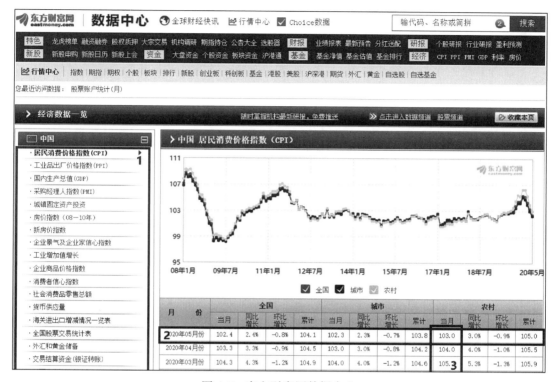

图 6-7　东方财富网数据中心

◎　阅读材料

- **Python 网络爬虫：** https://realpython.com/python-web-scraping-practical-introduction/
- **搜索引擎工作原理：** https://www.google.com/search/howsearchworks/
- **HTML 介绍：** https://www.w3schools.com/html/html_intro.asp
- **HTTP 介绍：** https://en.wikipedia.org/wiki/Hypertext_Transfer_Protocol
- **urllib 文档：** https://docs.python.org/3/library/urllib.html
- **requests 文档：** https://requests.readthedocs.io/en/master/
- **反反爬虫技巧：** https://blog.datahut.co/web-scraping-how-to-bypass-anti-scraping-tools-on-websites/
- **XPath 介绍：** https://www.w3schools.com/XML/xpath_intro.asp
- **lxml 官网：** https://lxml.de/
- **BeautifulSoup 文档：** https://www.crummy.com/software/BeautifulSoup/bs4/doc/

第 7 章 ━━●━━○━━●━━○━━●

Python 与数据可视化

■ 导引

设想你是一位社会学家，正在探究各国的人均 GDP、人均可支配收入、人类发展指数和基尼系数 4 个发展指标之间的关系。当你收集好了所有基础数据后，你希望先定性地判断出这 4 个发展指标间的关系，以决定接下来的分析方向。

如果你只要定性判断两个变量的相关关系，你很容易想到绘制图表——以两个变量分别为 x 轴和 y 轴，绘制样本点的散点图或者折线图，通过散点或折线的大致走向来判断变量的相关关系。Excel 就可以帮助你绘制这样的简单图表。

可是，摆在你面前的是人均 GDP、人均可支配收入、人类发展指数和基尼系数 4 个变量。如果以每两个指标为轴来绘制普通的散点图，那么你就需要绘制 6 张散点图。每个散点图只能反映两个变量之间的相关关系，你要综合 6 张图中的信息才能总结出 4 个变量间的关系，这显然不是便捷的举措。

最好的解决办法是在一张图中表示出 4 个变量。如果只有 3 个变量，你不妨绘制一张三维散点图。但是面对 4 个变量，身在三维空间的你不可能绘制出四维散点图。不过，虽然你想象不出四维空间，你也可以用一些特殊的方法在二维图表中反映第三和第四个维度。比如，你可以把人均 GDP 和人均可支配收入分别当作 x 轴和 y 轴，然后用每个散点的面积来代表该国的人类发展指数、用每个散点的颜色来代表该国的基尼系数。于是，这张二维散点图就能反映出 4 个变量间的关系。

Excel 支持绘制散点大小连续变化的散点图，但是不支持绘制散点颜色连续变化的散点图。也就是说，在 Excel 的散点图中，散点的颜色只能是几种确定的颜色，而不能在一个连续色带中任意取值。所以 Excel 难以解决目前你面临的难题，你需要换一个更加灵活的绘图工具。而 Python 就是一个几乎能够满足你任何绘图需求的灵活、强大的绘图工具，用 Python 绘制的散点颜色连续变化的散点图如图 7-1 所示。

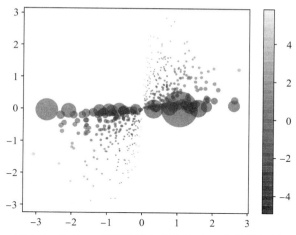

图 7-1　Python 绘制的散点颜色连续变化的散点图

　　在学习 Python 绘图的过程中，为了避免导入实际数据的麻烦，我们可以自行创建一些数据，例如用正态分布随机数来绘制正态分布图像。由于 Python 标准库的 random 模块提供的数学操作功能极为有限，我们无法借助 math 模块来创建数据。而 Python 科学计算包 **NumPy** 提供了大量数学操作 API，因此我们将使用 NumPy 创建用于绘图的数据。

　　创建一组随机数之后，我们又该用什么数据结构来存放这些数组呢？列表、Series 和 DataFrame 都不是专门用来存储数值类型数据的数据结构，它们的元素既可以是数值、又可以是字符串或逻辑值。由于它们并非被专门用于数值操作，所以当涉及数值计算时，使用这些数据结构难免有些效率低下。NumPy 提供了一个新的数据结构——ndarray。当进行数组操作时，ndarray 数据结构往往表现出高于其他数据结构的性能。

■ 学习目标

- 掌握 NumPy 的数组运算、统计计算等基本操作；
- 了解数据可视化的概念，掌握 Matplotlib 库的基本使用方法；
- 学会用 Matplotlib 绘制柱状图、直方图、散点图、箱线图等常见图表。

　　数据可视化（data visualization），是一类实现抽象数据形象化表达的技术，包括但不限于数据的图表化。相比于文本信息，人的大脑一般对视觉图形信息有着更敏感的反应，图表可以帮助人们更加快速、准确地理解数据的含义。因此，数据可视化也是数据分析的一个重要任务。

　　市场上已经存在大量可以满足不同人群、不同需求的数据可视化软件或语言，包括 Excel、Matlab 和 Tableau 等常见软件。数据分析师和数据科学家则往往偏爱 R 或 Python。实际上，Jupyter Notebook 是同时支持这两种语言的。要进行数据可视化，Python 有大量工具可供我们选择，除了本章主要介绍的 Matplotlib 库之外，还有 seaborn、我们熟悉的

Pandas 等库。seaborn 的底层是基于 Matplotlib 的，seaborn 实现了常见绘图过程的高度封装，故使用 seaborn 绘图的代码往往比使用 Matplotlib 绘图的代码要简洁，但 seaborn 的灵活性则略逊于 Matplotlib。

Matplotlib 是创作者受 Matlab 软件的启发而构建的 Python 绘图库，有一套完全仿照 Matlab 的函数形式绘图接口。**NumPy** 则是最基础的 Python 科学计算包，支持数组操作、统计计算、傅里叶变换等科学计算功能。Matplotlib 与 NumPy 的结合使用可以完美实现昂贵的 Matlab 的开源替代。本章将先介绍 NumPy 的基本使用，再介绍基于 Matplotlib 的 Python 绘图方法。

7.1 NumPy 基础

NumPy 包的核心在于它的 ndarray 数据结构，NumPy 所提供的线性代数、统计计算、傅里叶变换等各类数学操作都是基于 ndarray 数据结构进行的。Ndarray 相比于其他 Python 序列有什么优势呢？简单地说，NumPy 的核心部分是用 C 语言实现的，并且集成了一些高度优化过的科学计算库，因而表现出远高于 Python 标准库的性能。

7.1.1 ndarray 数据结构

首先导入 NumPy 包：

```
import numpy as np
```

调用 np.array 函数来创建一维 ndarray，主参数可以是列表、元组或 pandas.Series 对象：

```
arr = np.array([0, 1, 2, 3, 4])
```

对 ndarray 对象进行加减乘除等数学运算，相当于对 ndarray 的每个元素进行数学运算：

```
arr
array([0, 4, 1, 2, 3])
```

```
arr + 0.1
array([0.1, 1.1, 2.1, 3.1, 4.1])
```

```
arr + arr
array([0, 2, 4, 6, 8])
```

```
arr * 0.1
array([0. , 0.1, 0.2, 0.3, 0.4])
```

```
arr * arr
array([ 0, 1, 4, 9, 16])
```

　　类似地，可以调用 np.array 函数来创建二维或者更高维的 ndarray，多维 ndarray 也有相应的数学运算：

```
arr_2d = np.array([(1, 2, 3), (4, 5, 6)])
```

```
arr_2d
array([[1, 2, 3],
       [4, 5, 6]])
```

```
arr_2d - 1
array([[0, 1, 2],
       [3, 4, 5]])
```

```
arr_2d / 0.1
array([[10., 20., 30.],
       [40., 50., 60.]])
```

同列表一样，ndarray 也是一种 Python 序列类型，它也有索引和切片操作，例如：

```
arr_2d[0]
array([1, 2, 3])
```

```
arr_2d[0][1]
2
```

```
arr_2d[0, 1]
2
```

```
arr_2d[: , 1]
array([2, 5])
```

```
arr[: : 2]
array([0, 2, 4])
```

7.1.1.1　ndarray 的常用属性

　　ndarray 类有一个 shape 属性，用来表征 ndarray 每一维的长度。例如，arr_2d 的 shape 值为元组（2，3），表示该 ndarray 对象是一个 2 * 3 的二维数组：

```
arr_2d.shape
(2, 3)
```

调用 ndarray 对象的 reshape 方法，将一个 2 * 3 的矩阵转换为 3 * 2 的矩阵：

```
arr_2d.reshape(3, 2)
array([[1, 2],
       [3, 4],
       [5, 6]])
```

ndarray 对象的 size 是数组元素的总个数：

```
arr_2d.size
```
```
6
```

ndarray 对象的 dtype 是数组元素的数据类型：

```
arr.dtype
```
```
dtype('int32')
```

```
(arr - 0.1).dtype
```
```
dtype('float64')
```

int32 和 float64 分别表示 32 位整数和 64 位浮点数。Python 的 int 对象占用的内存大小是不固定的；而 NumPy 的每个数值对象都有自己的数据类型，占用固定大小的内存。因此，每个特定类型的 NumPy 数值都有限定的范围；若超出了范围，则会发生数据溢出。NumPy 的使用者需要警惕数据溢出问题。例如，int32 类型的数值范围为 [–2147483648，2147483647]；如果在 NumPy 中计算 2147483647 * 2147483647，结果显然超过了 int32 类型的数值范围，我们就会得到一个错误的结果：

```
2147483647 * 2147483647
```
```
4611686014132420609
```

```
np.int32(2147483647) * np.int32(2147483647)  # 溢出
```
```
1
```

调用 ndarray 对象的 astype 方法来转换数组的数据类型：

```
arr.astype('int16')
```
```
array([0, 4, 1, 2, 3], dtype=int16)
```

ndarray 对象的 itemsize 和 nbytes 属性分别为单个元素占用的字节数和整个数组占用的字节数。每个 32 位整数占用 4 字节的内存，整个 arr 数组则占用 4×5 = 20 字节的内存。

```
arr.itemsize
```
```
4
```

```
arr.nbytes
```
```
20
```

ndarray 对象的所有元素被放置于一段连续的内存空间中。因此，在一般情况下，ndarray 在内存布局方面比其他的 Python 序列更加高效。

7.1.1.2　ndarray 的创建

当调用 np.array 函数创建 ndarray 时，我们是根据已有的 Python 序列对象来生成

ndarray 对象的。调用其他一些 NumPy 函数，我们也可以直接创建满足特定条件的 ndarray 对象。

np.empty 函数返回一个 ndarray 空对象，主参数为返回对象的 shape 属性值：

```
np.empty((3, ))
array([9.12788824e-312, 9.12788824e-312, 4.22774898e-307])
```

np.zeros 函数和 np.ones 函数分别返回元素全为 0 和 1（逻辑值 True 也可被视为 1）的 ndarray 对象；可选参数 dtype 为返回对象的 dtype 属性值：

```
np.zeros((2, 4), dtype = 'int32')
array([[0, 0, 0, 0],
       [0, 0, 0, 0]])
```

```
np.ones((2, 5), dtype = 'bool')
array([[ True,  True,  True,  True,   True],
       [ True,  True,  True,  True,   True]])
```

np.arange 函数与 Python 标准库的 range 函数作用类似：

```
np.arange(10)
array([0, 1, 2, 3, 4, 5, 6, 7, 8, 9])
```

```
np.arange(1, 10, 2)
array([1, 3, 5, 7, 9])
```

在绘图时，我们经常需要一系列横坐标间距相等的坐标点，它们的横坐标构成等差数列。调用 np.linspace 函数创建一个从 10 到 −5 的包含 5 个元素的等差序列：

```
np.linspace(10, -5, 5)
array([10.  ,  6.25,  2.5 , -1.25, -5.  ])
```

7.1.2　NumPy 科学计算

NumPy 包含各类常见的数学计算函数。Python 标准库的 math 模块中的数学计算函数一次只能对一个数值进行计算，而 NumPy 函数可以对整个数组的所有元素进行计算，所以 NumPy 比 math 模块要高效得多。

先调用 np.linspace 函数创建一个从 0 到 π 的包含 7 个元素的等差序列，其中 np.pi 即科学常数 π：

```
arr1 = np.linspace(0, np.pi, 7)
```

调用正弦函数 np.sin：

```
np.sin(arr1)
array([0.00000000e+00, 5.00000000e-01, 8.66025404e-01, 1.00000000e+00,
       8.66025404e-01, 5.00000000e-01, 1.22464680e-16])
```

为了让展示的结果更美观，可以用 ndarray 对象的 round 函数，显示保留三位小数的计算结果：

```
np.sin(arr1).round(3)
array([0. , 0.5 , 0.866, 1. , 0.866, 0.5 , 0.])
```

除了正弦函数，NumPy 当然也提供其他的三角函数以及反三角函数，此处不再多作演示。

指数运算和对数运算也是十分常见的数学计算。np.exp2 和 np.log2 分别是以 2 为底数的指数和对数函数：

```
arr2 = np.arange(1, 10)
arr3 = np.exp2(arr2)
arr3
array([2., 4., 8., 16., 32., 64., 128., 256., 512.])
```

NumPy 的常见数学函数如表 7-1 所示。

表 7-1　NumPy 的常见数学函数

函数	描述
$\sin(x, \cdots)$, $\cos(x, \cdots)$, $\tan(x, \cdots)$	正弦函数；余弦函数；正切函数
$\arcsin(x, \cdots)$, $\arccos(x, \cdots)$, $\arctan(x, \cdots)$	反正弦函数；反余弦函数；反正切函数
$\text{rint}(x, \cdots)$, $\text{fix}(x, \cdots)$	向下四舍五入；向零四舍五入
$\text{floor}(x, \cdots)$, $\text{ceil}(x, \cdots)$	向下取整；向上取整
$\exp(x, \cdots)$, $\text{exp2}(x, \cdots)$	指数函数，分别以自然底数 e 和 2 为底数
$\text{sqrt}(x, \cdots)$	平方根
$\text{power}(x_1, x_2, \cdots)$	x_1 的 x_2 次幂，x_1 为序列，x_2 为整数或序列
$\log(x, \cdots)$, $\log2(x, \cdots)$, $\log10(x, \cdots)$	对数函数，分别以自然底数 e、2 和 10 为底数
$\text{lcm}(x_1, x_2, \cdots)$, $\gcd(x_1, x_2, \cdots)$	最小公倍数；最大公约数（x_1 为序列，x_2 为整数或序列）

7.1.2.1　NumPy.random 模块

NumPy 包的 random 模块提供了各种各样的随机数生成函数，我们可以调用这些函数来获得由特定的随机数构成的 ndarray 对象。

计算机中的随机数往往是伪随机数，它们并不完全是随机生成的，而是依据某种特定的算法被计算出来的。随机数生成算法都有一个被称为 "种子" 的输入参数；只要生成算法和种子是确定的，生成的随机数也就是确定的。一般来说，如果用户不自行设置种子，随机数生成算法会以系统时钟为种子。而在 NumPy 中，用户也可以选择自行设置种子；例如，以整数 666 为种子：

```
np.random.seed(666)
```

不同系统的随机数生成函数往往是不同的。在随机数生成算法未知的情况下，生成的伪随机数有足够强的不可预测性，故使用者完全可以将其当作真随机数使用。

分别调用 np.random.rand 和 np.random.randn 函数生成 [0, 1) 范围内随机数和标准正态分布随机数：

```
np.random.rand()            # [0, 1) 随机数
0.9626746812565987
```

```
np.random.randn()            # 标准正态分布随机数
-0.5797688791087456
```

也可以创建由随机数构成的多维数组；例如，创建一个 4 * 3 * 2 的随机数三维数组：

```
np.random.randn(2, 3, 4)
array([[[-0.89051986,  0.08227022, -0.07594056,  0.42969347],
        [ 0.11579967, -0.54443241,  0.02835341,  1.34408655],
        [ 0.9802911 , -1.21686498, -0.25792587, -0.19636579]],

       [[ 0.79118357,  0.13420039,  0.23248898,  0.57163596],
        [ 1.20308586, -0.01123434,  0.23166976, -0.80857957],
        [ 1.03136402, -0.02456381, -1.36487306, -0.02733729]]])
```

调用 np.random.randint 函数创建一个 2 * 2 数组，数组元素为 [-2, 2) 范围内的整数：

```
np.random.randint(-2, 2, size = (2, 2))
array([[1, 1],
       [1, 0]])
```

调用 np.random.choice 函数创建一个 2 * 2 数组，数组元素来自给定的 Python 序列：

```
np.random.choice([1, 4, 9, 16], size = (2, 2))
array([[9, 4],
       [4, 1]])
```

NumPy.random 的一些随机数生成函数如表 7-2 所示。

表 7-2　NumPy.random 的一些随机数生成函数

函数	描述
rand(d0, d1, ···, dn)	返回单个浮点数或 d0 * d1 * ··· * dn 数组，随机数范围为 [0, 1)
randn(d0, d1, ···, dn)	返回单个浮点数或 d0 * d1 * ··· * dn 数组，随机数服从标准正态分布
randint(low, high = None, size = None, dtype = '1')	返回整数或者数组，随机数范围 [low, +∞) 或 [low, high)，dtype 为随机数的数值类型，整数或元组 size 控制数组的维度和大小
choice(a, size = None, replace = True, p = None)	返回整数或数组，随机数来自序列 a，整数或元组 size 控制数组的维度和大小，若 replace 为 True，则 a 中元素可重复出现，反之则不能；p 是由 a 中各元素的出现概率构成的序列
permutation(a)	对序列 a 进行重排，不修改原对象 a，返回重排后的新对象
shuffle(a)	对序列 a 进行重排，修改原对象 a，无返回值

除了标准正态分布，np.random 还提供了其他所有随机分布的随机数生成函数。简单地说，所谓随机分布，就是随机数的概率分布。例如，调用 np.random.gamma 函数生成

5 000 个伽马分布随机数：

```
np.random.gamma(1, 1, 5000)  # 伽马分布，α = β = 1
array([1.64035952, 0.60803233, 1.48483666, ..., 0.50252713, 0.87216195,
       0.45612174])
```

当探究实际问题时，研究者可能会猜测某个观测变量是符合某种随机分布。这时，我们就可以用 NumPy 创建符合该种随机分布的随机数，然后将这些随机数与变量的实际观测值进行比对，以验证该观测变量是否符合我们猜测的随机分布。

7.1.2.2 矩阵计算

矩阵，即二维数组。矩阵计算在各学科都被广泛地使用。得益于 NumPy，Python 也展现出高性能的矩阵计算能力。先随机创建两个矩阵：

```
A = np.random.randint(0, 5, size = (4, 4))
B = np.random.randint(-3, 3, size = (4, 4))
```

```
A
array([[2, 4, 3, 1],
       [4, 3, 0, 1],
       [2, 2, 0, 2],
       [1, 3, 3, 2]])
```

```
B
array([[ 0,  1, -1,  0],
       [ 2,  1,  2, -3],
       [-1,  2,  2,  1],
       [ 2,  2,  1,  2]])
```

矩阵转置是最常见的矩阵操作：

```
A.T
array([[2, 4, 2, 1],
       [4, 3, 2, 3],
       [3, 0, 0, 3],
       [1, 1, 2, 2]])
```

要计算矩阵乘法，我们不能直接让两个矩阵相乘，而是要调用 np.dot 函数或者 ndarray.dot 方法：

```
np.dot(A, B)
array([[ 7, 14, 13, -7],
       [ 8,  9,  3, -7],
       [ 8,  8,  4, -2],
       [ 7, 14, 13, -2]])
```

```
A.dot(B)
array([[ 7, 14, 13, -7],
```

```
       [ 8,    9,    3,   -7],
       [ 8,    8,    4,   -2],
       [ 7,   14,   13,   -2]])
```

np.linalg 是 NumPy 的线性代数计算模块。分别调用 np.linalg.det 和 np.linalg.inv 函数求方阵的行列式和逆矩阵：

```
np.linalg.det(A)

12.0
```

```
np.linalg.inv(B)

array([[-0.09090909,   0.09090909,  -0.27272727,   0.27272727],
       [ 0.52727273,   0.07272727,   0.18181818,   0.01818182],
       [-0.47272727,   0.07272727,   0.18181818,   0.01818182],
       [-0.2       ,  -0.2       ,   0.        ,   0.2       ]])
```

NumPy.linalg 模块实现了矩阵操作中的各类计算，这是其中的一些常见矩阵计算函数，如表 7-3 所示。

表 7-3　NumPy.linalg 的一些矩阵计算函数

函数	描述
det(A)	方阵的行列式
inv(A)	方阵的逆矩阵
matrix_rank(A, ⋯)	矩阵的秩
solve(A, b)	求解线性方程组 $Ax = b$
lstsq(A, b, ⋯)	线性方程组的最小二乘解
eig(A)	方阵的特征值和特征向量

现在，我们已经完成了 NumPy 包的简单学习，介绍的内容已经足以覆盖本书余下部分所涉及的所有 NumPy 功能。请读者自行挖掘 NumPy 的更多功能。

7.2　Matplotlib 入门

有时我们需要图表随数据的更新或者其他命令而实时地更新，这时我们就要用到交互式绘图。在 Jupyter Notebook 中，我们事先执行以下语句以实现交互式绘图：

```
% matplotlib notebook
```

导入 Matplotlib 库的 pyplot 模块：

```
import matplotlib.pyplot as plt
```

Matplotlib 绘制的图像都存储在面板（figure）对象中，一个面板又切分为若干个子图（subplot），每一个图片都是在某个子图上绘制的。我们先创建一个面板：

```
fig = plt.figure()
```

此时我们已经可以看到一个没有子图的空白面板。然后我们添加子图：

```
p1 = fig.add_subplot(2, 2, 1)
p3 = fig.add_subplot(2, 2, 3)
```

我们调用面板对象的 add_subplot 方法来添加子图，该方法返回一个子图对象，（2，2，3）表示在 2 * 2 的面板的 3 号位创建子图。结果如图 7-2 所示。

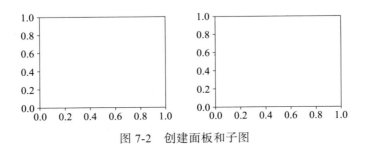

图 7-2　创建面板和子图

我们也可以用一行代码同时便捷地创建面板和子图：

```
fig, axes = plt.subplots(2, 2, sharex = True, sharey = True )
```

其中，fig 为面板对象，axes 为 4 个子图对象组成的一个 2 * 2 的 array 对象。有时我们为了直接比较各子图的图案，可能需要让各子图共用相同的 x 轴或 y 轴，则可以把 sharex 参数或 sharey 参数设置为 True。

我们用 np.random 模块创建一些数据来进行绘图：

```
data1 = np.random.binomial(100, 0.01, 5000)    # n = 100, p = 0.01
data2 = np.random.normal(1, 1, 5000)           # μ = σ = 1
data3 = np.random.beta(1, 1, 5000)             # α = β = 1
data4 = np.random.gamma(1, 1, 5000)            # α = β = 1
```

上图中的 4 个函数分别依据二项分布、正态分布、Beta 分布和伽马分布生成了随机数。4 个函数的前两个参数都是该分布的参数，第 3 个参数表示生成的随机数的个数为 5 000。

在之前创建的面板中，我们将这 4 组数据绘制为直方图（histogram），分别调用 4 个子图的 hist 方法，将主参数设置为用于作图的数据，将用于设置直方数目的 bins 参数设置为合适的值。并且，我们调用 Matplotlib 库中的 subplots_adjust 函数来调整各子图的间距，将 wspace 参数设置为水平间距、hspace 参数设置为竖直间距，绘制直方图如图 7-3 所示。

```
axes[0, 0].hist(data1, bins = 10)
axes[0, 1].hist(data2, bins = 20)
axes[1, 0].hist(data3, bins = 10)
axes[1, 1].hist(data4, bins = 20)
plt.subplots_adjust(wspace = 0.1, hspace = 0)
```

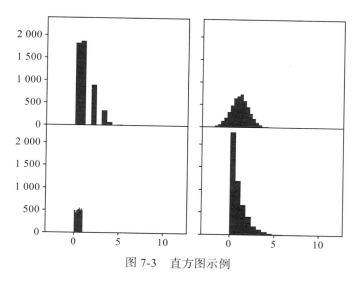

图 7-3　直方图示例

除了 hist，matplotlib.pyplot 模块还有很多图表函数，如表 7-4 所示。

表 7-4　matplotlib.pyplot 的一些图表函数

图表函数	描述
plot(x, y, ⋯)	坐标图
bar(left, height, width = 0.8, ⋯)	条形图
boxplot (x, ⋯)	箱线图
cohere(x, y, ⋯)	相关性图
contour(⋯)	等值图
hist(x, bins = None)	直方图
pie(x, ⋯)	饼图
plot_date(x, y, xdates = True, ⋯)	含日期的坐标图
polar(theta, r, ⋯)	极坐标图
scatter(x, y, ⋯)	散点图

下面我们介绍如何对图表进行一些基本的修饰。

7.2.1　颜色和线类型

首先，我们生成数据、创建面板：

```
import random
fig = plt.figure()
toss_num = 0                          # 记录掷骰子的次数
up_num = 0                            # 记录骰子朝上的次数
freq = []                            # 记录骰子朝上的频率
for i in range(1, 401, 10):
    for j in range(1, 11):
        toss_num += 1
        if random.randint(0, 1):     # 0 表示朝下，1 表示朝上
```

```
            up_num += 1
        freq.append(up_num / toss_num)
```

此处我们先使用了 Python 内建的 random 库来生成随机数。然后我们用 plot 函数画图。当我们没有指定子图时，绘图函数会默认在上一个面板的最后一个子图上绘图；如果上一个面板并没有任何子图，则该面板会自动创建一个子图。我们把 x 参数设置为掷硬币的次数（10、20、……、400），把 y 参数设置为相应的硬币正面朝上的频率，color、marker、linestyle 参数分别设置为图线的颜色、数据点的图形、线的类型：

```
plt.plot(range(1, 401, 10), freq, color = 'r', marker = '*',  linestyle = '-')
```

color 参数可以设置为某种常见颜色的名称，如 white，或者某种常见颜色的简称，即名称的首字母，或者十六进制 RGB 颜色代码。RGB 代码几乎可以表示任何我们想要的颜色，比如，#12ABCD 表示 RGB 值分别为十六进制的 12、AB、CD 的颜色。我们可以查看 plot 函数的帮助文档来获取 color、marker、linestyle 等参数的更多取值方法。

上面的绘图语句还有另一种简化的写法，我们可以用一个字符串完成 color、maker 和 linestyle 三个参数的传递。比如，上面的绘图语句中的这三个参数的设置可以简化为字符串 "r*--"，即 color + marker + linestyle。简化版的绘图语句如下：

```
plt.plot(range(1, 401, 10), freq, 'r*-')
```

两种绘图语句的绘图结果完全相同，结果如图 7-4 所示。

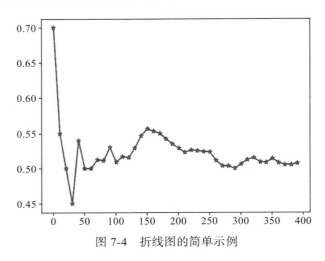

图 7-4 折线图的简单示例

7.2.2 刻度、标签、图例和辅助线

首先，我们还是生成数据、创建面板。ndarray 对象的 cumsum 方法的作用是从 ndarray 的第一个元素开始对所有元素的数值顺次更新，每一元素的数值更新为该元素的原数值与上一元素的数值之和。

```
fig = plt.figure()
```

```
axis = fig.add_subplot(1, 1, 1)
data = np.random.randn(1000).cumsum()
```

我们分别调用子图的 set_title、set_xlabel 和 set_xticks 方法来设置子图的标题、横轴标签以及横轴刻度，结果如图 7-5 所示。

```
axis.plot(data)
axis.set_title('Random Walk')
axis.set_xticks([0, 200, 400, 600, 800, 1000])
axis.set_xlabel('Steps')
axis.set_ylabel('Distance')
```

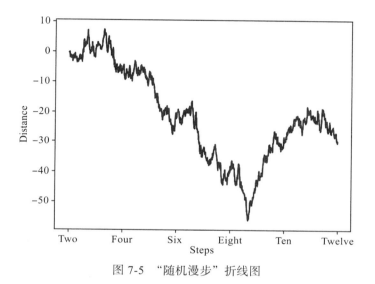

图 7-5　"随机漫步"折线图

对纵轴的操作也是类似的。我们还可以再使用子图对象的 set_xticklabels 方法，把数值刻度改为具体的名称。读者不妨试试如下语句：

```
axis.set_xticklabels(['Zero', 'Two', 'Four', 'Six', 'Eight', 'Ten'])
```

当图中有多条曲线时，我们还需要使用图例来区分各条曲线。我们依据三个方差不同的正态分布构造"随机漫步"：

```
fig = plt.figure()
axis = fig.add_subplot(1, 1, 1)
data1 = np.random.normal(0, 1, 1000).cumsum()
data2 = np.random.normal(0, 2, 1000).cumsum()
data3 = np.random.normal(0, 3, 1000).cumsum()
```

我们用三组不同的颜色和线类型来绘图，并且给三条曲线分别设置标签：

```
axis.plot(data1, 'r', label = 'sigma = 1')
axis.plot(data2, 'y--', label = 'sigma = 2')
axis.plot(data3, 'g:', label = 'sigma = 3')
```

我们调用子图对象的 legend 方法来添加图例，并且把设置 legend 方法的 loc 参数设置为 upper right，即把图例置于子图的右上角。我们也可以把 loc 参数设置为 best，Python 会自动地帮我们把图例放在合适的位置。读者可以查阅 legend 方法的帮助文档以获得详细的使用方法。

```
axis.legend(loc = 'upper right')
```

我们有时还需要在图中添加水平或竖直的辅助线：

```
axis.axhline(y = 0, linestyle = '--')
```

绘制的图案如图 7-6 所示。

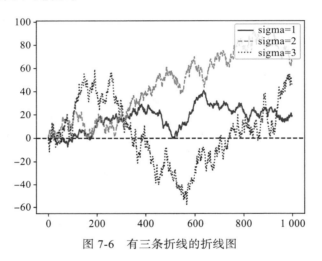

图 7-6　有三条折线的折线图

7.2.3　其他操作

为了让图表正确地显示负号和中文字符，添加如下两行语句：

```
plt.rcParams['font.sans-serif'] = ['SimHei'] # 中文黑体
plt.rcParams['axes.unicode_minus'] = False   # 解决负号显示问题
```

我们来绘制一个正弦函数的图像：

```
fig = plt.figure()
axis = fig.add_subplot(1, 1, 1)
x = np.linspace(-5,5,1000)
y1 = np.sin(x)
y2 = np.cos(x)
axis.plot(x, y1)
axis.plot(x, y2, '--')
```

可以指定横纵轴坐标的范围，而不使用默认的坐标范围：

```
plt.ylim(-1.2, 1.5)                          # 将纵轴坐标范围设置为 (-1.2, 1.5)
```

我们还可以在图中添加注释。字典 arrow 设置了与箭头形状有关的参数。我们调用子图对象的 annotate 方法来添加注释，xytext 和 xy 参数分别是文本和箭头所在位置的坐标。

```
arrow = {'facecolor': 'red', 'headwidth': 5,  'headlength': 4, 'width':3}
axis.annotate(' 波峰 ', xytext = (1.54, 1.25), xy = (1.54, 1.04), arrowprops =
    arrow)
```

我们可以打开坐标网格：

```
plt.grid(ls = ":", c = 'b')
```

绘制的图案如图 7-7 所示。

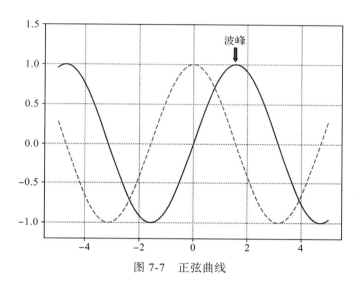

图 7-7　正弦曲线

下面我们介绍 Matplotlib 绘制的图表的保存方法。如果对图片质量要求不高，可以选择直接截图，也可以调用 plt.savefig 函数来保存图片，主参数设置为保存的文件路径。系统将根据路径中的文件扩展名来自动判断图表的保存格式，你可以将图表导出为任意的图片格式。需注意的是，plt.savefig 函数是将整个面板的图案保存下来，而非只保存面板的某个子图。

```
plt.savefig("..\examples\sin.pdf")
```

7.3　Matplotlib 绘图

7.3.1　柱状图和直方图

我们先从文件中导入用于绘图的数据：

```
import pandas as pd
data = pd.read_excel("..\examples\switchmajors.xlsx",
                    sheet_name = 'sheet1', index_col = 0)
```

```
data
```

	2017	2018	2019
Computer Science	54	63	76
Electronic Engineering	40	39	44
Economics and Finance	34	31	20
Jurisprudence	32	22	22
Automatization	30	41	58
Software Engineering	23	47	27
Biology	6	2	13
Environmental Engineering	10	10	7
Chemistry	3	5	4
Materials Science	3	13	9

我们用 plt.bar 函数来绘制柱形图。为了不让横轴标签彼此重叠，用 plt.xticks 函数来把横轴标签旋转 90 度。因为横轴标签太长会导致图案显示不全，所以我们调用 plt.tight_layout 函数来强制显示完整图案。我们使用 plt.text 函数来逐一地把每个条形柱的高度标在柱顶，该函数的三个参数分别为注释添加处的横纵坐标和注释文本，绘制的图如图 7-8 所示。

```
plt.figure()
x = np.arange(10)
y = data[2019]
plt.bar(x, y, width = 0.6)
plt.xticks(x, data.index, rotation = 90)
for a, b in zip(x, y):
    plt.text(a - 0.15, b + 0.1, b)
plt.tight_layout()
```

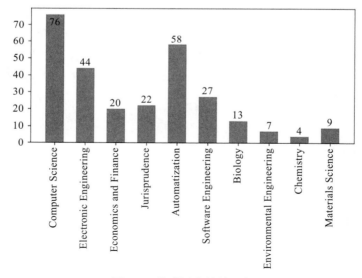

图 7-8 柱形图的简单示例

plt.bar 函数有这些重要的参数如表 7-5 所示。

表 7-5 matplotlib.pyplot.bar 函数的一些参数

参数	描述
left	标量序列，每个条形柱的左侧边界的横坐标
height	标量序列，每个条形柱的高度
width = 0.8	标量或标量序列，每个条形柱的宽度
bottom = None	标量或标量序列，每个条形柱的底部边界的纵坐标

我们也可以绘制并列柱状图。基本思路是，在同一个面板的同一个子图上，多次调用 plt.bar 函数来绘制柱状图，调整每个柱状图的 left 参数，使各柱状图的条形柱在图中并列排列，形成一个并列柱状图，如图 7-9 所示。

```
plt.figure()
x = np.arange(10)
plt.bar(x, data[2017], width = 0.25, label = 2017, color = 'g')
plt.bar(x + 0.25, data[2018], width = 0.25, label = 2018, color = 'y')
plt.bar(x + 0.5, data[2019], width = 0.25, label = 2019, color = 'b')
plt.xticks(x + 0.25, data.index, rotation = 90)
plt.legend(loc = 'best')
plt.tight_layout()
```

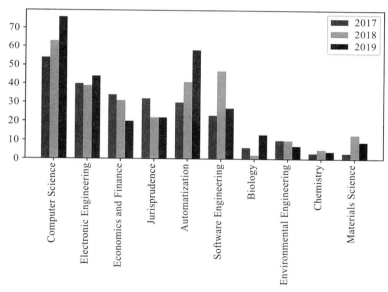

图 7-9 并列柱状图

我们还可以绘制堆积柱状图，如图 7-10 所示。

```
plt.figure()
plt.bar(data.index, datas[2017] + datas[2018] + datas[2018], width = 0.8,
    label = 2019, color = '#FAD6C2')
plt.bar(data.index, datas[2017] + datas[2018], width = 0.8, label = 2018,
    color = '#EC728A')
plt.bar(data.index, datas[2017], width = 0.8, label = 2017, color = '#005BAC')
```

```
plt.xticks(rotation = 30, fontsize = 6)
plt.legend(loc = 'best')
plt.tight_layout()
```

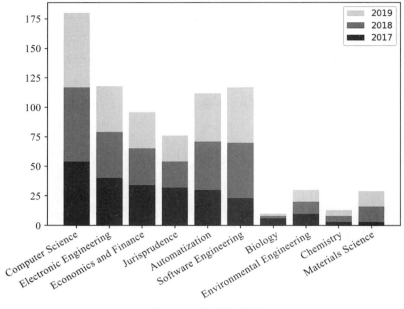

图 7-10　堆积柱状图

读者在进行数据可视化时，可对图表进行颜色搭配；如果你不擅长配色，可以从配色网站上获取颜色搭配。通过设置 plt.xticks 函数的 fontsize 参数，我们还可以调整标签的字体大小。

如果我们想绘制横向的柱形图，则可以使用类似于 plt.bar 函数的 plt.barh 函数。

下面我们来绘制直方图，如图 7-11 所示。

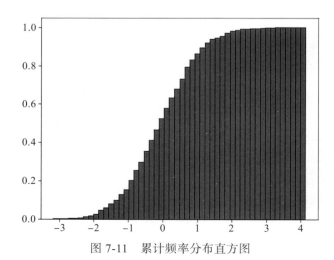

图 7-11　累计频率分布直方图

```
plt.figure()
plt.hist(np.random.randn(1000), edgecolor = 'black', facecolor = 'g',
        bins = 50, normed = True, cumulative = True)
```

plt.hist 函数有这些重要的参数，如表 7-6 所示。

表 7-6　matplotlib.pyplot.hist 函数的一些参数

参数	描述
x	主参数，用于绘制直方图的数据
bins = None	整数，直方图的长条形数目
range = None	元组，数据的上下界，默认为 (x.min(), x.max())，绘图时忽略界外值
normed = False	逻辑值，若为真，则绘制频率分布直方图，否则绘制频数分布直方图
cumulative = False	逻辑值，若为真，则绘制累计频数分布直方图

7.3.2　散点图和饼图

我们用 plt.scatter 函数绘制散点图，其中每个散点的大小为 10 * x / y，每个散点的颜色随 x * y 的值的变化而变化。通过设置 cmap 参数来指定配色方案，读者可以学习阅读材料以获得更多 Matplotlib 配色方案。plt.colorbar 函数的作用是添加颜色图例：

```
plt.figure()
x, y = np.random.randn(2, 1000)
plt.scatter(x, y, alpha = 0.5, linewidths = 0, s = 10 * x / y, c = x * y,
    cmap = 'viridis')
plt.colorbar()
```

plt.scatter 函数的一些参数的功能如表 7-7 所示。

表 7-7　matplotlib.pyplot.scatter 函数的一些参数

参数	描述
x, y	主参数，用于绘制散点图的数据
s	标量或标量序列，每个散点的大小
c	单个颜色或颜色的序列，每个散点的颜色
cmap	配色方案
marker	散点图标
alpha = None	标量，每个散点的透明度
linewidth = None	标量或标量序列，每个散点的边缘宽度
edgecolor = 'face'	单个颜色或颜色的序列，每个散点的边缘颜色，'face' 表示同散点内部颜色

这种散点大小有差异的散点图又被称为气泡图，如图 7-12 所示。

我们用 plt.pie 函数绘制饼图。如果删去 plt.axis('equal') 语句，则绘制的饼图会是椭圆而非正圆。设置 plt.legend 函数的 frameon 参数为 False，则图例会没有外框。绘制的饼图如图 7-13 所示。

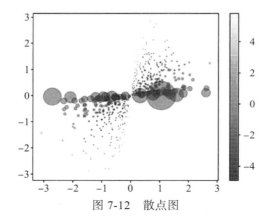

图 7-12 散点图

```
plt.figure()
plt.rcParams['font.sans-serif'] = ['SimHei']  # 中文黑体
datas = [1999, 1222, 902, 864, 457, 340]
explodes = [0.1, 0, 0, 0, 0, 0]
labels = ['瓶装水', '即饮茶', '果汁', '碳酸饮料', '能量饮料', '其他']
plt.pie(datas, labels = labels, explode = explodes, shadow =  True,
        startangle = 165, autopct = '%.2f%%' )
plt.axis('equal')
plt.legend(title = '品类',  frameon = False, fontsize = 8, loc = 'lower left')
plt.title('饮料行业市场占有率')
```

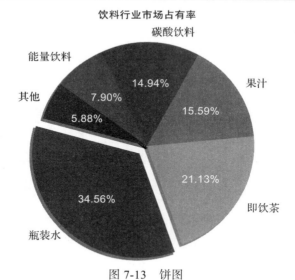

图 7-13 饼图

plt.pie 函数的一些参数的功能如表 7-8 所示。

表 7-8 matplotlib.pyplot.pie 函数的一些参数

参数	描述
x	主参数，用于绘制饼图的数据
explode = None	标量序列，爆裂值，饼图中各扇形脱离整个图形的程度

（续）

参数	描述
autopct = None	字符串或函数，扇形内部的文本
shadow = False	逻辑值，若为真，则饼图有阴影
startangle = None	整数，饼图旋转的角度

7.3.3　极坐标图和箱线图

创建子图时，我们把 projection 参数设置为 polar，以创建用于绘制极坐标图的子图。之前，我们使用 plt.plot 函数绘制折线图；现在，我们在极坐标图中用 plt.plot 函数绘制折线图，如图 7-14 所示。

```
plt.figure()
plt.subplot(111, projection = 'polar')
r = np.arange(1, 6)                              # 极径
theta = [i * np.pi / 2 for i in range(5)]        # 极角
plt.plot(theta, r, color = 'g', linewidth = 5)
```

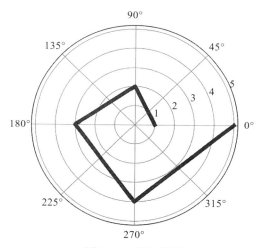

图 7-14　极坐标图

类似地，我们还可以在极坐标子图中分别使用 plt.scatter 函数和 plt.bar 函数，来绘制极散点图和极区图，如图 7-15 所示。

```
plt.figure()
plt.subplot(121, projection = 'polar')
r = np.arange(1, 7)                              # 极径
theta = [i * np.pi / 3 for i in range(6)]        # 极角
area = 50 * np.arange(1,7)                        # 散点面积
color = theta                                    # 散点颜色
plt.scatter(theta, r, c = color, s = area)       # 绘制极散点图
plt.subplot(122, projection = 'polar')
plt.bar(theta, r, color = '#005BAC', width = np.pi / 3)  # 绘制极区图
plt.subplots_adjust(wspace = 0.5)
```

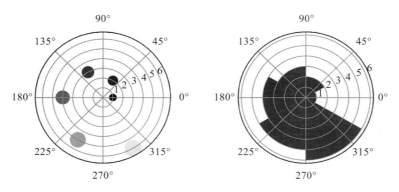

图 7-15　极散点图和极区图

接下来用 plt.box 函数绘制箱线图。我们可以将多组样本数据封装到一个列表里，将列表传递给该函数，以便一次性绘制多组数据的箱线图，如图 7-16 所示。

```
plt.figure()
datas = [np.random.normal(2 - sigma, sigma, 50) for sigma in [1, 2, 3]]
labels = ['sample_1', 'sample_2', 'sample_3']
plt.boxplot(datas, labels = labels, widths = 0.4)
```

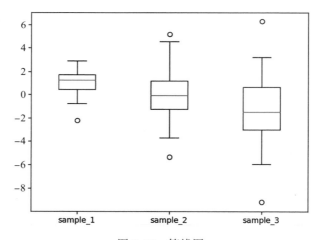

图 7-16　箱线图

7.3.4　三维图像

在本节之前，我们绘制的全部图像都是二维图像。Matplotlib 也支持三维图像的绘制，不过我们要事先从模块 mpl_toolkits.mplot3d 导入用于绘制三维图像的 Axes3D 类。然后，在创建子图时，把 projection 参数设置为 3d，以创建三维图像，如图 7-17 所示。

```
from mpl_toolkits.mplot3d import Axes3D
fig = plt.figure()
plt.subplot(111, projection = '3d')
```

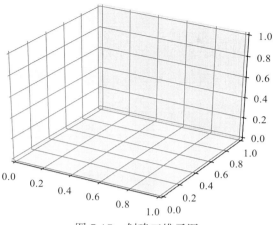

图 7-17　创建三维子图

接下来我们绘制一个三维曲线图。曲线图其实就是数据点分布足够密集的折线图。先创建一个长度为 1 000 的等差数列，作为数据点的 z 轴坐标，然后用 z 轴坐标计算出曲线各点 x 轴和 y 轴坐标。再调用 plot 方法绘制一条螺旋曲线和一条中心竖线，传入的三个参数即是三个方向的坐标：

```
fig = plt.figure()
ax = plt.subplot(111, projection = '3d')
plt.rcParams['axes.unicode_minus'] = False          # 解决负号显示问题

z1 = np.linspace(0, 20, 1000)
x1 = z1 * np.cos(z1)
y1 = z1 * np.sin(z1)
ax.plot(x1, y1, z1)                                  # 螺旋曲线
ax.plot(np.zeros(1000), np.zeros(1000), z1)          # 中心竖线
```

然后再调用 scatter3D 方法，在三维曲线上绘制一些散点。这些散点的 z 轴坐标为 π/2 的整数倍、x 轴及 y 轴坐标为整数，如图 7-18 所示。

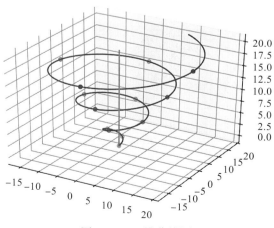

图 7-18　三维曲线图

绘制完曲线图之后，我们再来绘制曲面图。将曲面在 x 轴和 y 轴上的范围设置为 $[-5, 5]$：

```
x = np.arange(-5, 5.1, 0.1)
y = np.arange(-5, 5.1, 0.1)
```

调用 np.meshgrid 函数，获得曲面所有点的 x 轴和 y 轴坐标：

```
X
```

```
array([[-5. , -4.9, -4.8, ...,  4.8,  4.9,  5. ],
       [-5. , -4.9, -4.8, ...,  4.8,  4.9,  5. ],
       [-5. , -4.9, -4.8, ...,  4.8,  4.9,  5. ],
       ...,
       [-5. , -4.9, -4.8, ...,  4.8,  4.9,  5. ],
       [-5. , -4.9, -4.8, ...,  4.8,  4.9,  5. ],
       [-5. , -4.9, -4.8, ...,  4.8,  4.9,  5. ]])
```

```
Y
```

```
array([[-5. , -5. , -5. , ..., -5. , -5. , -5. ],
       [-4.9, -4.9, -4.9, ..., -4.9, -4.9, -4.9],
       [-4.8, -4.8, -4.8, ..., -4.8, -4.8, -4.8],
       ...,
       [ 4.8,  4.8,  4.8, ...,  4.8,  4.8,  4.8],
       [ 4.9,  4.9,  4.9, ...,  4.9,  4.9,  4.9],
       [ 5. ,  5. ,  5. , ...,  5. ,  5. ,  5. ]])
```

用 x 轴和 y 轴坐标计算出曲面各点的 z 轴坐标，再调用 ax.plot_surface 方法绘制曲面，如图 7-19 所示。

```
Z = np.cos(np.sqrt(X * X + Y * Y))
fig = plt.figure()
ax = plt.subplot(111, projection = '3d')
ax.plot_surface(X, Y, Z, cmap = 'GnBu')
```

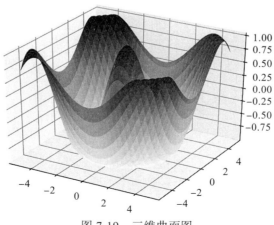

图 7-19　三维曲面图

◎　小结

　　NumPy 是 Python 最基础的科学计算包，ndarray 数据结构是 NumPy 包的核心，NumPy 所提供的线性代数、统计计算等各类数学操作都是基于 ndarray 数据结构进行的。

　　在许多场景中，我们要通过数据可视化来展示我们的工作成果。Python 中有许多数据可视化工具供我们选择，Matplotlib 是其中一个绘图风格类似于 Matlab 的最基本的绘图库。我们只介绍了柱状图、条形图、散点图等最常见图形的绘制。实际上，Matplotlib 几乎可以绘制出读者需要的任何一种图表。当然，Python 还有 Seaborn 等许多其他更高级、更简易的绘图工具。读者不妨根据实际的需要去选择、学习和探索 Python 的数据可视化功能。

◎　关键概念

- **NumPy：**最基础的 Python 科学计算包，提供了对多维数组计算的支持。
- **数据可视化：**一类实现抽象数据的形象化表达的技术，最常见的方式是绘制图表。
- **Matplotlib：**最基础的 Python 绘图库。

◎　基础巩固

- 魔法命令是 Jupyter Notebook 特有的一些实现特殊功能的命令，它们一般以"%"或"%%"开头。7.2 节开头执行的 %matplotlib notebook 就是一条魔术命令。%%time 也是一条魔术命令。如果把这条命令置于单元格的首行，Jupyter Notebook 就会给出该单元格运行所用的时间。例如，以下单元格运行所用的时间为 22ms：

```
%%time
factorial = 1
for i in range(1, 10000):
    factorial *= i

Wall time: 22 ms
```

　　我们已经多次强调"NumPy 性能强大"这一观点，现在请读者来亲自验证。请你分别用 NumPy 和 Python 标准库的 random 模块生成一百万个服从正态分布的随机数，并利用魔法命令来比较两种方法在运行效率上的差异。你可能需要用到 Python 标准库的 random.normalvariate 函数。

◎　思考提升

- 请模仿图 7-6 正弦曲线的画法，绘制 $y = \log10$，x 和 $y = \log2\ x$ 两条函数曲线，并且对两曲线所夹的中间部分上色。你可能需要用到 numpy.log 函数以及 matplotlib.pyplot.fill_between 函数。你至少绘制出下图的结果，如图 7-20 所示。

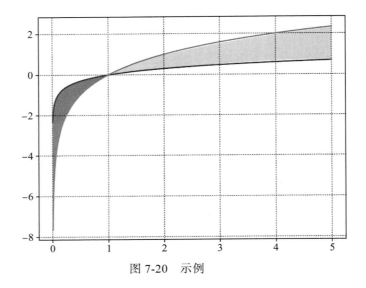

图 7-20 示例

● 请你参考阅读材料，绘制出图 7-7 数据的分布条形图。请你尽量绘制出下图的效果，如图 7-21 所示。

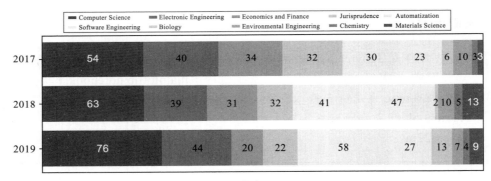

图 7-21 分布条形图

◎ 阅读材料

● **NumPy 中文官网：** https://www.numpy.org.cn/
● **Matplotlib 文档：** https://matplotlib.org/contents.html
● **Matplotlib 配色方案：** https://matplotlib.org/3.1.0/tutorials/colors/colormaps.html
● **Matplotlib 绘制分布条形图示例：** https://matplotlib.org/gallery/lines_bars_and_markers/horizontal_barchart_distribution.html

## 第 8 章

Python 与数据分析

■ 导引

如果你是某知名快消品牌的营销人员，你会肩负着提高销量的艰巨任务。你要从消费者入手，制定恰当的销量增长策略。面对不同类的客户，你需要制定不同的营销策略，因为公司的宣传预算是有限的，你不可能进行铺天盖地的广告宣传。"把广告投递给哪些人群才能获得最大的销量增长？""不同的广告载体分别对应哪些受众？"都是你要分析的问题。你不能凭空想出这些问题的答案，而必须用数据说话。你要用数据分析的科学方法来给消费者群体进行分类。

明确了"对消费者群体进行细分"的目标之后，你就要确定大致的思路。一个可行的思路是用经典的 CRM 模型来衡量客户价值。CRM 模型的核心在于，根据客户的最近一次消费时间、消费频率以及消费金额来进行群体细分。确定了整体思路之后，你就要收集相关数据。你会选择直接从公司的数据库中提取所有的客户交易记录，之后你会对数据做一些清洗和整理操作，比如说剔除所有的匿名消费者的交易记录，计算每位消费者的总消费金额，等等。依据 CRM 模型，假设在每个指标上把客户群体分为 n 个区间，根据三个指标，所有客户群体将被划分为 n^3 个细分群体。你可能还会利用数据可视化来呈现分类的结果。

以上就是数据分析完整流程的简单例子。本章将向读者介绍，面对数据分析的任务，我们应该如何一步步地解决问题，以及该如何用 Python 完成其中的一些步骤。

■ 学习目标

- 了解数据分析的基本概念，掌握数据分析的工作流程；
- 学会用 Python 进行数据清洗、数据规整、数据分组和数据聚合等工作；
- 了解时间序列的概念，学会用 Python 构建时间序列。

　　数据分析（data analysis），是指用适当的统计学方法去分析收集到的海量数据、提炼总结出有价值的信息并形成有效结论的过程。数据分析的数学基础，包括微积分、线性代数、概率论和图论等，在 20 世纪早期就已经基本确立。近几十年来计算机科学飞速发展，数据分析被逐渐推广到了实际应用中。数据分析可以说是数学与计算机科学融合的产物。

　　网络上随处可见的数据分析培训广告展现了数据分析技术不可估量的社会价值。数据分析帮助管理者更好地判断和决策，采取更优的行动与战略。一切皆是数；一切理性的决策都是数据分析的结果。数据分析在今日的热度，是算法、算力和数据三大要素蓬勃发展造就的历史必然。

　　实际上，我们前几章学习的内容也是数据分析的一部分——我们经常利用数据库或网络爬虫来获得用于分析的数据，我们也经常利用数据可视化来展示数据分析的结果。完整的数据分析大致包括以下几个步骤，如图 8-1 所示。

图 8-1　数据分析的基本流程

　　当我们做物理实验时，总是从提出问题、设计实验等准备环节开始。类似地，当我们做数据分析时，也要事先打好基础。只有明确了数据分析的目标、构建了数据分析的思路后，我们才能理性地选择数据、处理数据、分析数据。否则，我们的工作将缺乏方向性。这体现了明确目标和构建思路两个步骤的重要性。在后续的应用章节以及在实际工作的场景中，读者自然会领悟到明确目标和构建思路二者的必要性。

　　数据收集为数据分析提供了素材。公司业务中的数据分析所用的数据一般来自企业的数据库，有时也来自互联网。我们获取的原始数据往往包含大量的重复值、空白值、异常值等无法用于分析的数据，故我们要进行**数据清洗**（data cleaning）工作来排除掉这些数据。在实际工作中，我们往往把数据分析的一半时间都花在数据清洗上。无论你用何种方式收集数据，都不要忘记清洗数据。数据清洗之后，我们可能还要对数据做一些整理工作，比如联合、重塑、分组与规整等，以利于下一步的分析。

　　然后，我们利用特定的分析方法和工具，对整理好的数据进行分析，以期找出数据变化的规律或为决策提供方案。常用的分析方法包括对比分析、结构分析、分布分析、杜邦分析、矩阵分析、回归分析等。

　　最后，我们得出结论，通常用数据可视化方法来展示我们的数据分析成果。我们可能还要撰写数据分析报告，以总结和呈现整个数据分析过程。

常用的数据分析工具包括 Excel、SPSS、SAS、R 和 Python 等。Excel 和 SPSS 便捷实用、容易上手；SAS 和 R 则专业化程度更高、功能更强大，对操作者的要求也更高。不同的工具各有其擅长之处，我们要根据实际的需要去灵活地选用一种或者两种工具。当然，Python 也是一个强大的数据分析工具。

前面冗长的介绍是为了让读者对数据分析有一个宏观的认识。本章主要介绍的是 Python 的数据清洗、数据整理功能，以及数据分析的一个重要分支——时间序列分析。

8.1　数据清洗与规整

8.1.1　缺失值与重复值处理

在数据分析中，**数据缺失**（data missing）的情况是很常见的。有些数据是我们暂时无法获取的，也有一些数据是被人为地遗漏的。对缺失值的处理方式会影响数据分析的结果。有时，我们会用默认值补齐缺失数据；有时，我们会直接删除缺失数据。总之，我们希望尽可能减小缺失值引起的分析结果的偏差。

Python 中存在的几种不同的缺失值（又称"空值"）经常令操作者感到困惑。在后续的介绍中，我们将所有缺失值统一称为 NA。Python 中的缺失值类型如表 8-1 所示。

表 8-1　Python 中的缺失值类型

缺失值	含义
None	Python 内建的缺失值
NA	Pandas 中的一种缺失值，遵循 R 语言中缺失值的惯例，意为"Not Available"
NaN	Pandas 中数值数据的缺失值，意为"Not a Number"

先导入 Pandas 与 NumPy，并且把 NumPy 中的缺失值 nan 简记为 NA：

```
import pandas as pd
import numpy as np
from numpy import nan as NA
```

我们来创建一个包含了不同类型缺失值的 Series：

```
data1 = pd.Series([1, NA, None])
data1
```

```
0    1.0
1    NaN
2    NaN
dtype: float64
```

我们使用 Series 或 DataFrame 对象的 isnull 方法来检测 NA：

```
data1.isnull()
```

```
0    False
1     True
2     True
dtype: bool
```

可见，不同类型的缺失值都被 Pandas 当作 NA 处理。notnull 方法的用法与 isnull 类似。

首先，生成一个含有 NA 的 DataFrame。我们把 exponential() 函数的 size 参数设置为一个含有两个数的元组，来生成一个由指数分布随机数组成的 5 * 3 的 array 对象。然后，我们用 DataFrame 函数将此 array 转化为 DataFrame。我们再利用直接赋值的方法，往此 DataFrame 中插入一些 NA。注意，赋值时我们使用切片操作来选择特定的元素；比如，2：表示从第二行至最后一行，iloc[2:, 1] 即是选定第二行至最后一行的第一列元素。

```
data2 = pd.DataFrame(np.random.exponential(1, size = (5, 3)))
data2.iloc[2:, 0] = NA
data2.iloc[1] = NA
data2
```

	0	1	2
0	2.07884	0.426632	1.783478
1	NaN	NaN	NaN
2	NaN	0.605696	0.413180
3	NaN	0.937157	1.618883
4	NaN	0.954613	0.262703

用 DataFrame 对象的 fillna 方法来填充缺失值。fillna 的主参数设置为要填入的数值：

```
data2.fillna(1)
```

	0	1	2
0	2.07884	0.426632	1.783478
1	1.00000	1.000000	1.000000
2	1.00000	0.605696	0.413180
3	1.00000	0.937157	1.618883
4	1.00000	0.954613	0.262703

我们也可以用有效数据来推测缺失值，比如用有效数据的平均数或中位数来填充。DataFrame 对象的 mean 方法计算的是每一列的有效数据的平均值：

```
data2.mean()
```

```
0    2.078840
1    0.731024
2    1.019561
dtype: float64
```

```
data2.fillna(data2.mean())
```

	0	1	2
0	2.07884	0.426632	1.783478
1	2.07884	0.731024	1.019561
2	2.07884	0.605696	0.413180
3	2.07884	0.937157	1.618883
4	2.07884	0.954613	0.262703

我们还可以向 fillna 参数传入一个字典，来把不同列的缺失值补充为不同的值。字典的键和值分别为列的标签和该列的补充值：

```
data2.fillna({0: 1.1, 1: 1.2, 2: 1.3})
```

	0	1	2
0	2.07884	0.426632	1.783478
1	1.10000	1.200000	1.300000
2	1.10000	0.605696	0.413180
3	1.10000	0.937157	1.618883
4	1.10000	0.954613	0.262703

也可以用已有的有效值作为补充值。method 参数设置的是填充方法，ffill 表示由前往后填充，bfill 表示由后往前填充。

```
data2.fillna(method = 'ffill')
```

	0	1	2
0	2.07884	0.426632	1.783478
1	2.07884	0.426632	1.783478
2	2.07884	0.605696	0.413180
3	2.07884	0.937157	1.618883
4	2.07884	0.954613	0.262703

limit 参数设置的是向前或者向后填充的最大范围：

```
data2.fillna(method = 'bfill', axis = 1, limit = 1, inplace = True)
data2
```

	0	1	2
0	2.078840	0.426632	1.783478
1	NaN	NaN	NaN
2	0.605696	0.605696	0.413180
3	0.937157	0.937157	1.618883
4	0.954613	0.954613	0.262703

把 axis 参数设置为 1（默认值为 0，表示纵向填充），则横向填充缺失值。把 inplace 参数设置为 True，则直接修改原 DataFrame，而不是在副本上填充缺失值。

对于 Series，我们可以利用 notnull 函数来过滤掉 NA：

```
data3 = pd.Series([NA, NA, 1, 2, NA])
```

```
data3[data3.notnull()]
```

```
2    1.0
3    2.0
dtype: float64
```

也可以直接用 dropna 方法来过滤 NA：

```
data3.dropna()
```

```
2    1.0
3    2.0
dtype: float64
```

对于 DataFrame 对象，dropna 方法默认删去所有含 NA 的行：

```
data4 = pd.DataFrame(np.random.gamma(1, 1, size = (4, 3)))
data4.iloc[1:, 0] = NA
data4.iloc[2] = NA
data4
```

	0	1	2
0	0.175501	0.458449	0.702009
1	NaN	0.104751	0.143943
2	NaN	NaN	NaN
3	NaN	1.431890	2.199054

```
data4.dropna()
```

	0	1	2
0	0.175501	0.458449	0.702009

若要删去含 NA 的列，则把 axis 参数设置为 1：

```
data4.dropna(axis = 1)
```

```
0
1
2
3
```

若把 how 参数设置为 all，则只过滤掉所有值都为 NA 的行或列：

```
data4.dropna(how = 'all')
```

	0	1	2
0	0.175501	0.458449	0.702009
1	NaN	0.104751	0.143943
3	NaN	1.431890	2.199054

数据中经常存在大量的重复值，有时我们需要去除重复值。我们随意生成一个含重复值的 DataFrame：

```
data5 = pd.DataFrame({'name': ['C. Ronaldo', 'Messi'] * 3,
        'Number': [4, 5, 5, 5, 5, 5]})
data5
```

	name	Number
0	C. Ronaldo	4
1	Messi	5
2	C. Ronaldo	5
3	Messi	5
4	C. Ronaldo	5
5	Messi	5

duplicated 是 DataFrame 的用于查重的方法，该方法会返回一个由逻辑值组成的 Series，逻辑值反映原 DataFrame 中的该行是否与前面的行重复：

```
data5.duplicated()
```
```
0    False
1    False
2    False
3    True
4    True
5    True
dtype: bool
```

drop_duplicated 是 DataFrame 的用于去重的方法：

```
data5.drop_duplicates()
```

	name	Number
0	C. Ronaldo	4
1	Messi	5
2	C. Ronaldo	5

我们也可以只对 DataFrame 的某个或某些列来查重。我们把指定的列标签或者列标签组成的列表传入 drop_duplicated 函数：

```
data5.drop_duplicates('name')
```

	name	Number
0	C. Ronaldo	4
1	Messi	5

在默认情况下，DataFrame 的查重操作是由上往下进行的，去重操作去除的是重复值中的靠下方者。如果读者需要更改这些默认的规则，不妨自行查阅帮助文档、学习参数的详细设置。

8.1.2 异常值处理

有时，数据中的缺失值不一定被标识为 NaN，可能是被标识为 –2147483648，我们还要对这些实际上的缺失值进行处理。

```
data6 = pd.DataFrame([[1, 2, 99999, 4], [66666, 6, 7, 8]])
data6
```

	0	1	2	3
0	1	2	99999	4
1	66666	6	7	8

这个 DataFrame 中的 99999 和 66666 与其他数据相差太大，很可能是缺失值的标识。我们先把 99999 和 66666 都替换为 NA，再使用之前介绍的缺失值处理方法：

```
data6.replace([99999, 66666], NA, inplace = True)
data6
```

	0	1	2	3
0	1.0	2	NaN	4
1	NaN	6	7.0	8

也可以把一个字典传入 DataFrame 对象的 replace 方法，以把不同的异常值替换为不同的值：

```
data6 = pd.DataFrame([[1, 2, 99999, 4], [66666, 6, 7, 8]])
data6.replace({99999: 3, 66666: 5})
```

	0	1	2	3
0	1	2	3	4
1	5	6	7	8

我们很容易把上面的 99999 判定为异常值。但是，有时我们需要用一些统计学方法才能判定出异常值。生成一个由正态分布随机数组成的 500 * 3 的 DataFrame：

```
df = pd.DataFrame(np.random.randn(500, 3))
```

describe 方法可以计算 Series 的数值或 DataFrame 各数值列的部分统计指标：

```
df.describe()
```

	0	1	2
count	500.000000	500.000000	500.000000
mean	-0.021335	0.024877	-0.017627
std	1.016469	1.013151	1.019504
min	-2.974913	-2.628384	-3.015256
25%	-0.696495	-0.628723	-0.697976
50%	0.028588	-0.004326	0.002614
75%	0.643429	0.686360	0.613223
max	2.859043	3.367535	3.635751

Pandas 中还有这些统计方法，如表 8-2 所示。

表 8-2　Pandas 中的一些统计方法

方法	含义
count	有效值的个数
sum	求和
abs	绝对值
min, max	最小值，最大值
idxmin, idxmax	最小值、最大值所在行（列）的行（列）标签
mean	平均值
median	中位数
quantile	百分位数
var	方差
std	标准差
skew	偏读
kurt	峰度
corr	相关系
cov	协方差

在此处，我们用三倍标准差法确定异常值。我们先复制原 DataFrame，生成一个新的 DataFrame 用于储存对异常值的判断。注意，复制 DataFrame 时，我们需要调用原 DataFrame 的 copy 方法来创建一个副本。然后，我们遍历原数据的每一列，判断该列样本的均值与每一个数据的差异是否达到了三倍标准差。还需注意，我们用位运算"|"来合并两个由逻辑值组成的 Series：

```
outliers = df.copy()
mean = df.mean()
std = df.std()
for col in df.columns:
    outliers[col] = (df[col] > mean[col] + std[col] * 3) | (df[col] <
        mean[col] - std[col] * 3)
```

DataFrame 的 any 方法返回一个由逻辑值组成的 Series；如果原 DataFrame 中的某一行（列）中至少存在一个 True，则 any 方法返回的 Series 的对应位置的元素就是 True。数据的这些行包含了异常值：

```
df[outliers.any(1)]
```

	0	1	2
23	-0.198013	0.257465	3.146985
65	0.953057	-0.509374	3.635751
119	-0.674823	0.886395	3.313335
207	0.348026	3.367535	0.324092
322	-0.102322	3.075968	0.582024

把异常值替换为合理值：

```
df[outliers] = 3 * np.sign(df)
```

为了不改变异常值的正负性，我们使用了 np.sign 函数来获取数据的符号。

8.1.3 索引操作

reindex 是 Series 或 DataFrame 的用于重建索引的方法：

```
ex = pd.Series([True, False, False], index = ['d', 'c', 'a'])
ex
d       True
c       False
a       False
dtype: bool
```

```
ex.reindex(['a', 'b', 'c', 'd'])
a       False
b       NaN
c       False
d       True
dtype: object
```

reindex 方法也可以同时重建行索引与列索引：

```
philosophers = pd.read_csv("..\examples\ex1.csv")
philosophers
```

	name	birthyear	country	num_of_discussions_on_zhihu
0	Marx	1818	Germany	0
1	Kant	1724	Germany	635
2	Nietzsche	1844	Germany	472
3	Camus	1913	French	203
4	Hegel	1770	Germany	358

```
philosophers.reindex(index = range(6), columns = ['name', 'country'])
```

	name	country
0	Marx	Germany
1	Kant	Germany
2	Nietzsche	Germany
3	Camus	French
4	Hegel	Germany
5	NaN	NaN

set_index 方法可以直接把原 DataFrame 中的一列设置为行索引：

```
philosophers.set_index('name')
```

	birthyear	country	num_of_discussions_on_zhihu
name			
Marx	1818	Germany	0
Kant	1724	Germany	635
Nietzsche	1844	Germany	472
Camus	1913	French	203
Hegel	1770	Germany	358

也可以反过来把行索引转换为 DataFrame 的一列：

```
philosophers.set_index('name').reset_index()
```

	name	birthyear	country	num_of_discussions_on_zhihu
0	Marx	1818	Germany	0
1	Kant	1724	Germany	635
2	Nietzsche	1844	Germany	472
3	Camus	1913	French	203
4	Hegel	1770	Germany	358

下面我们介绍一种高级的索引操作——分层索引。

分层索引（multilndex）是 Pandas 的一个重要特性。Series 和 DataFrame 可以有多个层级的索引。在创建 Series 或 DataFrame 对象时，我们可以把 index 或 columns 参数设置为一个由列表组成的列表，每一个内部列表代表 Series 或 DataFrame 对象的一层索引：

```
index = [['A'] * 3 + ['B'] * 3 + ['C'] * 3, ['i', 'ii','iii'] * 3]
mulidx_ser = pd.Series(np.random.randn(9), index = index)
mulidx_ser
A   i     -1.869462
    ii     1.251899
    iii   -0.056493
B   i     -1.016995
    ii    -0.100035
    iii   -0.550948
C   i     -0.038153
    ii    -0.614913
    iii   -0.557901
dtype:    float64
```

其实，一个有双层索引的 Series 对象可以完全等价地转化为一个 x * 2 的 DataFrame：

```
mulidx_ser.unstack()
```

	i	ii	iii
A	-1.869462	1.251899	-0.056493
B	-1.016995	-0.100035	-0.550948
C	-0.038153	-0.614913	-0.557901

DataFrame 的行和列都可以设置分层索引：

```
index = [['A', 'A', 'B', 'B', 'C', 'C'], ['i', 'ii'] * 3]
columns = [['Red', 'Red', 'Blue'], ['SU', 'PRC', 'US']]
mulidx_df = pd.DataFrame(np.random.randint(0, 10, size = [6, 3]),
                         index = index, columns = columns)
mulidx_df.index.names = ['key1', 'key2']
mulidx_df.columns.names = ['level1', 'level2']
mulidx_df
```

level1		Red		Blue
	level2	SU	PRC	US
key1	key2			
A	i	8	2	9
	ii	5	1	1
B	i	6	4	3
	ii	5	3	1
C	i	5	6	8
	ii	5	4	8

我们仍然可以利用行列标签进行选择：

```
mulidx_df['Red', 'SU']
```

```
key1  key2
A     i       8
      ii      5
B     i       6
      ii      5
C     i       5
      ii      5
Name: (Red, SU), dtype: int32
```

```
mulidx_df.loc['C']['Blue']
```

level2	US
key2	
i	8
ii	8

Pandas 中的许多统计函数都有一个 level 参数；通过设置 level 参数，我们可以按照特定层级的索引来对数据进行统计计算：

```
mulidx_df.mean(level = 0, axis = 1)
```

level1		Red	Blue
key1	key2		
A	i	5.0	9.0
	ii	3.0	1.0
B	i	5.0	3.0
	ii	4.0	1.0
C	i	5.5	8.0
	ii	4.5	8.0

```
mulidx_df.mean(level = 1)
```

level1		Red	Blue
level2	SU	PRC	US
key2			
i	6.333333	4.000000	6.666667
ii	5.000000	2.666667	3.333333

8.2　数据分组与聚合

8.2.1　数据分组

Pandas 对象的 groupby 方法可以将数据依据一个或多个键分为多个组。默认情况下，分组操作是按行进行的，即将一行或多行的数据分配到一组。也可以把 groupby 方法的 axis 参数修改为 1，则分组操作会按列进行。

```
df = pd.DataFrame({'data': np.random.randint(0, 10, size = 5),
                   'key1': ['A', 'B', 'B', 'A', 'A'],
                   'key2': ['a'] * 2 + ['b'] * 3})
df
```

	data	key1	key2
0	6	A	a
1	3	B	a
2	9	B	b
3	5	A	b
4	6	A	b

groupby 方法返回的是一个 GroupBy 对象，该对象包含了所有的分组信息：

```
df.groupby('key1')
```
```
<pandas.core.groupby.groupby.DataFrameGroupBy object at 0x000001F401192A20>
```

可以分别对各组计算统计指标。key2 列不是数值数据，故并没有出现在计算结果中：

```
df.groupby('key1').median()
```

	data
key1	
A	6
B	6

也可以以多个列为分组键。

```
df.groupby(['key1', 'key2']).std()
```

		data
key1	key2	
A	a	NaN
	b	0.707107
B	a	NaN
	b	NaN

出现 NA 的原因是，组中仅有一个数值，无法计算样本标准差。

对 Pandas 对象进行分组操作时，不一定要以该对象的列作为分组键，也可以把外部的数据作为分组键：

```
key3 = ['T', 'T', 'P', 'T', 'P']
df.groupby(key3).median()
```

	data
P	7.5
T	5.0

也可以用映射来进行分组操作，得到与上面的语句完全相同的分组结果：

```
mapping = {0: 'T', 1: 'T', 2: 'P', 3: 'T', 4: 'P'}
df.groupby(mapping).median()
```

	data
P	7.5
T	5.0

分组操作是不是令读者联想到了分层索引？分层索引的 Pandas 对象很容易依据某个层级的索引来分组。看一个例子：

```
index = [['A'] * 3 + ['B'] * 3 + ['C'] * 3, ['i', 'ii','iii'] * 3]
mulidx_ser = pd.DataFrame(np.random.randn(9, 2), index = index)
mulidx_ser.index.names = ['One', 'Two']
mulidx_ser
```

One	Two	0	1
	i	0.536286	0.673222
A	**ii**	1.675523	1.271635
	iii	1.537859	-0.191202
	i	-0.468710	-0.952110
B	**ii**	-1.511902	-0.244453
	iii	0.421239	0.644322
	i	0.823737	-0.102166
C	**ii**	1.465475	1.104126
	iii	1.238129	-0.207927

把层级的名称或者序号传递给 groupby 方法的 level 参数：

```
mulidx_ser.groupby(level = 'One').median()
```

One	0	1
A	1.537859	0.673222
B	-0.468710	-0.244453
C	1.238129	-0.102166

```
mulidx_ser.groupby(level = 1).median()
```

```
                  0           1
Two
    i   0.536286   -0.102166
   ii   1.465475    1.104126
  iii   1.238129   -0.191202
```

可以遍历 GroupBy 对象的各分组：

```
for group_name, group_data in df.groupby('key1'):
    print(group_name)
    print(group_data)
```

```
A
    data    key1    key2
0     6      A       a
3     5      A       b
4     6      A       b
B
    data    key1    key2
1     3      B       a
2     9      B       b
```

```
for (name1, name2), group_data in df.groupby(['key1', 'key2']):
    print((name1, name2))
    print(group_data)
```

```
('A', 'a')
    data    key1    key2
0     6      A       a
('A', 'b')
    data    key1    key2
3     5      A       b
4     6      A       b
('B', 'a')
    data    key1    key2
1     3      B       a
('B', 'b')
    data    key1    key2
2     9      B       b
```

当然，在遍历 GroupBy 对象时，你也可以对每组数据做一些更复杂的操作。

8.2.2　数据聚合

数据聚合是指对一组数据进行计算，产生新数值的过程。上一节中，我们调用 GroupBy 对象的统计方法，如 median、sum 等，其实就是在进行数据聚合。

除了 mean、median 等统计方法，我们也可以自己定义聚合函数。我们定义一个 ske 函数用于计算数组的偏度，然后将这个函数传递给 GroupBy 对象的 aggregate 方法：

```
df
```

	data	key1	key2
0	6	A	a
1	3	B	a
2	9	B	b
3	5	A	b
4	6	A	b

```
def ske(arr):
    return arr.skew()
df.groupby('key1').aggregate(ske)
```

	data
key1	
A	-1.732051
B	NaN

也可以一次应用多个聚合函数，生成一个 DataFrame，DataFrame 的每一列为一个聚合函数的计算结果，默认的列标签即为函数名：

```
df.groupby('key1').aggregate(['median', len])
```

	data	
	median	len
key1		
A	6	3
B	6	2

如果一次将多个聚合函数应用于一个 DataFrame，则每个函数都分别对 DataFrame 的每一列进行计算（如果该列的元素可以用于计算）：

```
complex_df = pd.DataFrame(np.random.randn(5, 2))
grouped_df = complex_df.groupby(['T'] * 3 + ['P'] * 2)
grouped_df.agg([('MAX', max), ('MIN', min)])
```

	0		1	
	MAX	MIN	MAX	MIN
P	0.078491	-1.382014	1.711902	-0.014309
T	0.717691	-0.701828	0.685542	-0.151888

以二维元组的形式传入函数，是为了修改结果中默认的列标签。

8.3　时间序列

时间序列（time series）是指某个统计指标在不同时间点的数值，按时间的先后顺序排列形成的线性序列。时间序列往往有固定的频率，也就是说，序列的每个时间点之间的时间间隔是相同的。在金融、经济、物理等许多领域中，时间序列数据都是极为常见的数据形式。人们使用时间序列分析的主要目的是通过时间序列反映出的发展规律和趋势，来预测指标的值。本节将对时间序列做一些简要的介绍。

8.3.1 Python 时间数据类型

Python 标准库的 datetime、calendar、time 模块和第三方的 dateutil 包都支持时间数据的相关功能。其中 **datetime** 模块提供了大量处理时间数据的方法，我们现在就来介绍该模块中的时间数据类型，如表 8-3 所示。

表 8-3 datetime 中的时间数据类型

数据类型	描述
date	储存日期（年、月、日）
time	储存时间（小时、分钟、秒和微秒）
datetime	储存日期和时间
timedelta	两个 datetime 对象的时间差
tzinfo	储存时区的相关信息

我们来创建几个时间数据对象：

```
import datetime
```

```
rightnow = datetime.time(20, 20, 20)
today = datetime.date(2020, 2, 2)
now = datetime.datetime.now()
```

```
rightnow
```
```
datetime.time(20, 20, 20)
```

```
today
```
```
datetime.date(2020, 2, 2)
```

```
now
```
```
datetime.datetime(2020, 2, 2, 20, 20, 20)
```

timedelta 类型用于储存两个 datetime 对象的时间差：

```
delta_t = datetime.datetime(2020, 2, 17, 8, 0, 0) - now
delta_t
```
```
datetime.timedelta(days=14, seconds=41980)
```

```
delta_t.days
```
```
14
```

```
delta_t.seconds
```
```
41980
```

利用 timedelta 类型，我们可以对时间数据做一些数学运算：

```
now + 2 * datetime.timedelta(days = 365, seconds = 3600)
datetime.datetime(2022, 2, 1, 22, 20, 20)
```

我们经常需要进行字符串和时间数据类型之间的数据转换。我们可以直接用 str 函数对 datetime 对象进行类型转换：

```
str(now)
'2020-02-02 20:20:20'
```

也可以使用 datetime 对象的 strftime 方法来生成特定格式的字符串：

```
now.strftime("%Y%m%d")
'20200202'
```

datetime 模块的 strptime 函数可以把字符串转化为 datetime，我们需把待转化的字符串以及日期格式传入该函数：

```
str_time = "2020/02/02"
datetime.datetime.strptime(str_time, "%Y/%m/%d")
datetime.datetime(2020, 2, 2, 0, 0)
```

datetime 字符串的格式符如表 8-4 所示。

表 8-4　datetime 字符串的格式符

格式符	描述
%A，%a	星期的英文单词或英文单词的缩写，如 Monday 和 Mon
%B，%b	月份的英文单词或英文单词的缩写，如 January 和 Jan
%D	日期，形如 02/02/20
%d	日期号，该 datetime 在当前月份的第 %d 天
%F	日期，形如 2020-02-22
%H，%I	小时（分别为 24 小时制和 12 小时制）
%M	分钟，范围为 [0, 23]
%U，%W	该 datetime 在当年的第 %U 个星期，范围为 [0, 53]，分别以周日和周一为起始日
%X	时间，形如 20:20:20
%Y，%y	年份，分别为四位和两位的数字

Pandas 用时间戳（timestamp）类型代替 Python 标准库中的 datetime 类型。pd.to_datetime 可以把字符串转换为时间戳：

```
pd.to_datetime("2019-12-31 23:59:59")
Timestamp('2019-12-31 23:59:59')
```

```
pd.to_datetime("Dec 31, 2019 11:59 pm")
Timestamp('2019-12-31 23:59:00')
```

pd.to_datetime 函数可以自动识别很多常见的时间格式。我们也可以手动设置时间格式：

```
pd.to_datetime("2019#12#31#23#59#59", format = "%Y#%m#%d#%H#%M#%S")
Timestamp('2019-12-31 23:59:59')
```

除了 pd.to_datetime，dateutil 包的 parser.parse 函数也可以识别大多数格式的时间表示。

8.3.2　时间序列的构建

Pandas 中时间序列的一种基本形式是 DatetimeIndex 索引的 Series 或 DataFrame：

```
date_str = ["2019-12-21", "2019-12-26", "2019-12-31",
            "2020-1-5", "2020-1-10"]
date_index = pd.to_datetime(date_str)
```

```
time_series = pd.Series(np.random.randn(5).cumsum(), index = date_index)
time_series
2019-12-21   -0.844619
2019-12-26   -0.949743
2019-12-31   -0.597782
2020-01-05   -0.059789
2020-01-10    0.757202
dtype: float64
```

DatetimeIndex 索引是一类特殊的索引：

```
time_series.index
DatetimeIndex(['2019-12-21', '2019-12-26', '2019-12-31', '2020-01-05',
               '2020-01-10'],
              dtype='datetime64[ns]', freq=None)
```

还可以使用 pd.date_range 函数创建 DatetimeIndex 索引；我们可以设置索引的起始时间、长度（首末标签的间隔时间）、频率（相邻标签的间隔时间）：

```
pd.date_range("2020-1-1", periods = 1000, freq = '7D')
DatetimeIndex(['2020-01-01', '2020-01-08', '2020-01-15', '2020-01-22',
               '2020-01-29', '2020-02-05', '2020-02-12', '2020-02-19',
               '2020-02-26', '2020-03-04',
               ...
               '2038-12-22', '2038-12-29', '2039-01-05', '2039-01-12',
               '2039-01-19', '2039-01-26', '2039-02-02', '2039-02-09',
               '2039-02-16', '2039-02-23'],
              dtype='datetime64[ns]', length=1000, freq='7D')
```

如果要选择时间序列中的特定元素，我们只需要传递一个 datetime 对象或者时间字符串：

```
time_series[datetime.datetime(2020, 1, 5)]
-0.05978908476221312
```

```
time_series['2020-1-5']
-0.05978908476221312
```

```
time_series['20200105']
-0.05978908476221312
```

还可以只选择某个年份或者某个月份的数据：

```
time_series['2019']
2019-12-21    -0.844619
2019-12-26    -0.949743
2019-12-31    -0.597782
dtype: float64
```

```
time_series['2020-1']
2020-01-05    -0.059789
2020-01-10     0.757202
dtype: float64
```

也可以只选择某个时间范围内的数据：

```
time_series['20191230': '20200105']
2019-12-31    -0.597782
2020-01-05    -0.059789
dtype: float64
```

我们经常需要研究时间序列中相邻数据的百分比变化，这时不妨使用 Series 和 DataFrame 的 shift 方法：

```
time_series.shift(2)                            # 前移两位
2019-12-21         NaN
2019-12-26         NaN
2019-12-31    -0.844619
2020-01-05    -0.949743
2020-01-10    -0.597782
dtype: float64
```

```
time_series.shift(-1)                           # 后移一位
2019-12-21    -0.949743
2019-12-26    -0.597782
2019-12-31    -0.059789
2020-01-05     0.757202
2020-01-10         NaN
dtype: float64
```

```
time_series / time_series.shift(1) - 1          # 计算变化率
2019-12-21          NaN
2019-12-26     0.124463
2019-12-31    -0.370585
2020-01-05    -0.899982
2020-01-10   -13.664558
dtype: float64
```

Timestamp 数据类型表示的是时间节点，而 Pandas 中的另一种数据结构——**Period** 表示的是时间范围。Pandas 中时间序列的另一种形式是由 PeriodIndex 索引的 Series 或 DataFrame，

PeriodIndex 索引即是由 Period 类数据组成的。

生成一些 Period 对象，并做一些简单的运算：

```
period = pd.Period('2020-02', freq = 'M')
period
```
```
Period('2020-02', 'M')
```

```
period + 2
```
```
Period('2020-04', 'M')
```

```
pd.Period('2020-4', 'M') - period
```
```
2
```

上述的 Period 对象表示的是从 2020-2-1—2020-2-29 的整个时间段。我们把上述 Period 对象的频率设置为 M，即一个月；Period 类数据的简单运算都是以其频率为单位的。除了 Y（年）、M（月）、7D（七天）这些含义明显的字符串，我们还可以传递一些复杂的字符串，以设置某些特殊的频率。比如，WOM-4FRI 表示每月的第四个周五，BMS 表示月初的第一个工作日。

类似于 pd.date_range 函数创建 DatetimeIndex 索引，pd.period_range 函数可以创建 PeriodIndex 索引：

```
pd.period_range('2019-12-01', '2020-02-02', freq = '7D')
```
```
PeriodIndex(['2019-12-01', '2019-12-08', '2019-12-15', '2019-12-22',
             '2019-12-29', '2020-01-05', '2020-01-12', '2020-01-19',
             '2020-01-26', '2020-02-02'],
            dtype='period[7D]', freq='7D')
```

需注意的是，该索引对象的标签的数据类型为 period[7D]（7D 为频率），所以 2019-12-01 实际上表示的是从 2019-12-01—2019-12-07 的时间区间。

pd.PeriodIndex 函数可以把字符串转换为 PeriodIndex，2019Q3 表示 2019 年第三季度：

```
period_str = ['2019Q3', '2019Q4', '2020Q1']
pd.PeriodIndex(period_str, freq =  "Q")
```
```
PeriodIndex(['2019Q3', '2019Q4', '2020Q1'], dtype='period[Q-DEC]',
    freq='Q-DEC')
```

pd.PeriodIndex 函数还可以把数组转换为 PeriodIndex：

```
year = [2019] * 4 + [2020] * 4
quarter = [1, 2, 3, 4] * 2
pd.PeriodIndex(year = year, quarter = quarter)
```
```
PeriodIndex(['2019Q1', '2019Q2', '2019Q3', '2019Q4', '2020Q1', '2020Q2',
             '2020Q3', '2020Q4'],
            dtype='period[Q-DEC]', freq='Q-DEC')
```

8.3.2.1　时间戳与 Period 的相互转换

时间戳可以与 Period 对象相互转换。也就是说，由 DatetimeIndex 索引的时间序列与由 PeriodIndex 索引的时间序列是可以相互转换的。这里生成一个时间序列：

```
index = pd.to_datetime(['31/12/2019', '01/01/2020', '29/02/2020'])
time_series1 = pd.Series(np.random.randn(3).cumsum(), index = index)
time_series1
```
```
2019-12-31    1.042095
2020-01-01    2.293800
2020-02-29    1.811781
dtype: float64
```

Series 对象的 to_period 函数可以把该 Series 转换为一个由 PeriodIndex 索引的时间序列：

```
time_series2 = time_series1.to_period(freq = 'M')
time_series2
```
```
2019-12    1.042095
2020-01    2.293800
2020-02    1.811781
Freq: M, dtype: float64
```

Series 对象的 to_timestamp 函数可以反过来把 Series 转换为一个由 PeriodIndex 索引的时间序列。在默认情况下，新时间序列的索引中的时间戳标签表示原来的 Period 标签的起始时间。比如，时间戳标签 2019-12-01 是 Period 标签 2019-12 的起始时间。也可以把 to_timestamp 函数的 how 参数设为 end，则新的时间戳标签表示原 Period 的末尾时间：

```
time_series2.to_timestamp()
```
```
2019-12-01    1.042095
2020-01-01    2.293800
2020-02-01    1.811781
Freq: MS, dtype: float64
```

```
time_series2.to_timestamp(how = 'end')
```
```
2019-12-31    1.042095
2020-01-31    2.293800
2020-02-29    1.811781
Freq: M, dtype: float64
```

8.3.2.2 频率的转换

asfreq 方法可以实现 Period 对象、PeriodIndex 索引对象或者时间序列的频率的转换：

```
time_series2.asfreq('D')
```
```
2019-12-31    1.042095
2020-01-31    2.293800
2020-02-29    1.811781
Freq: D, dtype: float64
```

```
time_series2.asfreq('A-DEC')
```
```
2019    1.042095
2020    2.293800
```

```
2020     1.811781
Freq: A-DEC, dtype: float64
```

```
p = pd.Period('2020-01', freq = 'M')
p.asfreq('A-DEC')
```
```
Period('2020', 'A-DEC')
```

```
time_series1.asfreq('BMS')
```
```
2020-01-01     2.2938
2020-02-03        NaN
Freq: BMS, dtype: float64
```

```
time_series2.asfreq('A-DEC')
```
```
2019     1.042095
2020     2.293800
2020     1.811781
Freq: A-DEC, dtype: float64
```

频率为 A-DEC 的 Period 对象表示的时间范围为从一月到十二月（December）的一整年；类似的频率还有 A-JAN、A-FEB 等。频率为 BMS 的 Period 对象表示的时间范围为每月的第一个工作日的一整天。

由"低"频率向"高"频率转换时，Period 将转换为原 Period 的起始部分或末尾部分。比如，当频率由 M 转换为 D 时，2020-02 会转换为 2020-02-01 或 2020-02-29：

```
period_index = pd.period_range('2018-08', '2020-02', freq = 'M')
```

```
period_index.asfreq('D', how = 'start')
```
```
PeriodIndex(['2018-08-01', '2018-09-01', '2018-10-01', '2018-11-01',
             '2018-12-01', '2019-01-01', '2019-02-01', '2019-03-01',
             '2019-04-01', '2019-05-01', '2019-06-01', '2019-07-01',
             '2019-08-01', '2019-09-01', '2019-10-01', '2019-11-01',
             '2019-12-01', '2020-01-01', '2020-02-01'],
            dtype='period[D]', freq='D')
```

```
period_index.asfreq('D', how = 'end')
```
```
PeriodIndex(['2018-08-31', '2018-09-30', '2018-10-31', '2018-11-30',
             '2018-12-31', '2019-01-31', '2019-02-28', '2019-03-31',
             '2019-04-30', '2019-05-31', '2019-06-30', '2019-07-31',
             '2019-08-31', '2019-09-30', '2019-10-31', '2019-11-30',
             '2019-12-31', '2020-01-31', '2020-02-29'],
            dtype='period[D]', freq='D')
```

8.3.3 重新采样

重新采样（resample）是指时间序列的频率发生变换的过程。其中，降采样是指将高频率数据聚合为低频率数据，升采样是指将低频率数据转换为高频率数据。其实，重新采样就是时间序列数据的分组与聚合。

我们使用时间序列的 resample 方法进行重采样：

```
index = pd.date_range('2020-02-01', periods = 12, freq = '15min')
ts = pd.Series(np.random.randn(12), index = index)
ts
```

```
2020-02-01 00:00:00    -0.082735
2020-02-01 00:15:00     1.078822
2020-02-01 00:30:00    -1.373518
2020-02-01 00:45:00    -0.129805
2020-02-01 01:00:00     0.693018
2020-02-01 01:15:00     0.153265
2020-02-01 01:30:00     2.457777
2020-02-01 01:45:00     0.346136
2020-02-01 02:00:00     1.605658
2020-02-01 02:15:00    -0.569654
2020-02-01 02:30:00    -1.781733
2020-02-01 02:45:00    -1.401524
Freq: 15T, dtype: float64
```

可以计算样本的统计学指标：

```
ts.resample('H').sum()
```

```
2020-02-01 00:00:00    -0.507236
2020-02-01 01:00:00     3.650196
2020-02-01 02:00:00    -2.147254
Freq: H, dtype: float64
```

```
ts.resample('H', how = 'mean')
```

```
2020-01-31     0.031041
2020-02-29    -0.115940
2020-03-31    -0.227346
2020-04-30     0.003778
Freq: M, dtype: float64
```

```
ts.resample('H').max()
```

```
2020-02-01 00:00:00     1.078822
2020-02-01 01:00:00     2.457777
2020-02-01 02:00:00     1.605658
Freq: H, dtype: float64
```

默认情况下，降采样后的时间序列的索引标签为原索引标签的左边界。比如，原来的 00:00:00—00:45:00 的四个时间戳标签，在降采样后转化为了 00:00:00，即左边界。当然，也可以用右边界作为新的索引标签：

```
ts.resample('H', label = 'right').ohlc()
```

	open	high	low	close
2020-02-01 01:00:00	-0.082735	1.078822	-1.373518	-0.129805
2020-02-01 02:00:00	0.693018	2.457777	0.153265	0.346136
2020-02-01 03:00:00	1.605658	1.605658	-1.781733	-1.401524

◎ **小结**

在数据分析的整个流程中，Python 可以用来进行数据的收集、清洗、整理和分析。之前介绍的数据库和网络爬虫都是数据收集的重要手段；数据的可视化也往往是数据分析的重要步骤。

在完成数据收集之后、开始特定方法的数据分析之前，我们总是需要对数据做一些预处理，包括数据清洗、数据规整、数据分组与聚合等，这些工作往往占据大部分的工作时间。数据清洗，指的是发现并纠正数据中的一些会对数据分析造成负面影响的错误，比如数据中的缺失值、重复值等。为了便于后续分析，你可能会对数据做一些诸如合并、连接、分层索引的规整操作。数据分组指的是依照某些标准对数据集进行分类，数据聚合指的是对一系列数据进行某种计算以产生新数值。Pandas 的groupby 机制为数据的分组与聚合提供了支持。

时间序列指的是某个统计指标在不同时间点的数值，按时间的先后顺序排列形成的线性序列。作为一类特殊的数据形式，时间序列需要一些特殊的方法与工具去处理和分析。

接下来，我们将看到数据分析在一些领域的应用实例，并继续深入 Python 的学习。

◎ **关键概念**

- **数据清洗：** 发现并纠正数据中的一些错误，比如数据中的缺失值、重复值、异常值等。
- **分层索引：** 有多个层级的 Pandas 对象索引。
- **数据分组：** 依照某些标准对数据集进行分类的操作。
- **数据聚合：** 对一系列数据进行某种计算，产生新数值的操作。
- **时间序列：** 某个统计指标在不同时间点的数值，按时间的先后顺序排列形成的线性序列。
- **重新采样：** 转换时间序列频率的操作，包括升采样和降采样。

◎ **基础巩固**

- 请读者将文件 practice8_1.csv 导入为 DataFrame，通过数据清理和分层索引等操作，将 DataFrame 整理为文件"上市公司行业分类结果 .pdf"所示形式。
- 请读者构造以下时间序列索引（DatetimeIndex 或 PeriodIndex）：
    1）1921 年—2021 年的每一年；
    2）2019 年 10 月 1 日的每个整点时刻；
    3）1979 年 12 月 1 日至 2020 年 12 月 1 日的频率为 3M 的 PeriodIndex。

◎ **思考提升**

- 我们经常遇到需要按行遍历一个 DataFrame 的情况。也就是说，我们需要一行一行地读取 DataFrame 内的数据，对每行数据做某种计算，甚至还可能要更新行中的部分数据。请读者参考阅读材料，学习 DataFrame 按行遍历的方法。

　　然后，请读者创建一个由 10000 * 100 个随机数组成的 DataFrame，用几种不同的按行遍历方法计算每一行数据的最大值，并比较不同方法的运行时间长短。显然，效率最高的方法是直接调用 max 函数。如果我们需要进行的操作不是简单的计算极大值或者平均值，也就是说并没有现成的 max 或 mean 函数供我们使用，我们又该如何高效地完成按行遍历呢？你可能要用到 DataFrame 的 apply 方法。

● 在时间序列分析中，为了提高数据的准确性，我们会把一个时间点扩大为包含这个时间点的一个区间（被称为"窗口"），用这个区间的所有数据值来计算这个时间点的数据值。计算方法可以是简单的算术平均，也可以是指数加权平均等复杂的计算方法。这整个操作被称为"移动窗口函数"。Pandas 提供了 rolling 和 expanding 两个函数来实现移动窗口函数。请读者参考阅读材料，学习 Pandas 的移动窗口函数操作。

　　然后，请读者将文件 practice8_4.csv 导入为时间序列，绘制出该时间序列的图像及经移动窗口函数处理后的图像，示例如图 8-2 所示。

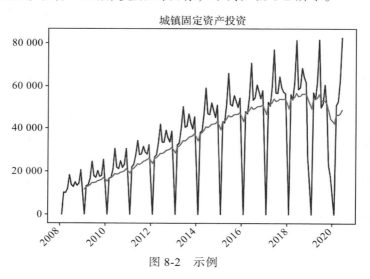

图 8-2　示例

◎ 阅读材料

● **时间序列**：https://www.machinelearningplus.com/time-series/time-series-analysis-python/
● **DataFrame 按行遍历的 6 种方法**：https://thispointer.com/pandas-6-different-ways-to-iterate-over-rows-in-a-dataframe-update-while-iterating-row-by-row/
● **DataFrame 按行遍历方法的效率比较**：https://towardsdatascience.com/different-ways-to-iterate-over-rows-in-a-pandas-dataframe-performance-comparison-dc0d5dcef8fe
● **DataFrame 的 apply 方法**：https://pandas.pydata.org/pandas-docs/stable/reference/api/pandas.DataFrame.apply.html
● **Pandas 移动窗口函数**：https://pandas.pydata.org/pandas-docs/stable/reference/window.html

第 9 章

Python 应用：信息管理与信息系统

■ 导引

网络爬虫经常碰到一些尴尬的状况。例如，网页采取了懒加载机制；也就是说，随着我们把滚动条向下拉动，网页的内容会逐渐加载出来。普通的爬虫无法模拟滑动滚动条的操作，也就无法获取网页的全部内容。另外一个例子是，我们可能事先并不知道要爬取的网页的 URL，我们必须点击某个网页链接才能进入这个网页。网页链接的 URL 可能并不是一直存在于链接的背后，而是当鼠标点击时才出现，因此普通的爬虫总是无法获取这个 URL，更无法爬取该 URL 所定位的网页的数据。

当我们手动操作浏览器时，这些状况并不会影响网页的浏览。于是自然地想到，如果爬虫能够完全模拟浏览器的行为，这些困难不就迎刃而解了吗？而我们的确可以用 Python 实现浏览器的自动化操作。

既然数据收集的工作可以借助 Python 网络爬虫来自动化完成，商务活动中的诸如信息传递、分析决策等其他许多工作不也都可以借助 Python 来自动完成吗？也就是说，可以用 Python 构建一个进行信息的采集、储存、传递、处理，甚至能自动形成决策的管理信息系统。

■ 学习目标

- 了解信息管理与信息系统的基本概念，了解管理信息系统在现代企业中发挥的重要作用；
- 掌握 Selenium 的基本使用，学会用 Selenium 爬取动态网页；
- 构造一个航班信息管理系统，用 Python 实现电子邮件的自动发送。

信息管理与信息系统是一种研究，都是运用信息技术来帮助人们处理、管理信息的科学；**管理信息系统**（management information systems，MIS）是指基于计算机技术的用于执行某种特定的商业或管理任务的系统。当一个组织团体的规模扩大到一定程度时，企业的管理成本就会随着企业规模的增长而呈指数函数增长。在一个庞大的体系结构当中，信息传递的困难是导致管理成本爆炸式增长的关键。一个现代企业必须把信息视作一种和其他更加实际的企业资源同等重要的资产。因此，现代大型企业一定会应用许多管理信息系统来实现信息传递、管理决策的部分自动化。

常见的管理信息系统有企业资源计划（enterprise resource planning，ERP）系统、供应链管理（supply chain management，SCM）系统、客户关系管理（customer relationship management，CRM）系统等。可惜，我们不可能在短短的一章中实现这样一个功能完备的企业管理信息系统，但我们可以实现一个拥有信息提取、信息处理、信息传递功能的简单的信息管理程序。

9.1 Selenium 在爬虫中的应用

在本节，我们将主要借助 Selenium 来爬取携程网（https://www.ctrip.com）上的机票信息。**Selenium** 是一个 Web 应用自动化测试工具；在一些特殊情况下，人们也会用 Selenium 进行爬虫。Selenium 能够自动地测试浏览器并模拟人类对浏览器的手动操作。因此，当常规的 requests 方法无法爬取所需的信息时，我们不妨用 Selenium 模拟操作浏览器，直接在浏览器展示的网页中获取需要的数据。

浏览器的人工操作是比较缓慢的，模拟人工操作的 Selenium 也同样是效率低下的，Selenium 爬虫的速度远远落后于常规的 requests 方法。那么，到底在哪些情况下，我们不得不舍弃效率而选择使用 Selenium 爬虫呢？

我们今天所看到的所有网页基本上都是**动态网页**（dynamic web），网页呈现的内容并不是完全由 HTML 源码决定的。动态网页的源码会包含一些 JavaScript 语言的代码，浏览器也会解释执行这部分代码并呈现出最终的内容。但是，我们之前学习的网页解析方法，不论是借助 lxml 库还是 BeautifulSoup 库，都只能解析 HTML 文本，而对 JavaScript 代码则无能为力。如果 JavaScript 部分恰好对应的是需要的数据，常规的爬虫方法就会失效。那么我们就只能模拟浏览器操作，让浏览器来帮我们执行 JavaScript 代码。

图 9-1 中 的 javascript:void (0) 就 是 **Java-Script** 代码；我们希望获取这里的 href 属性值，就必须借助浏览器来渲染网页。

```
<span class="at">2</span>
<a href="javascript:void(0);" target="_self" title="转到第3页" class="bindclick">3</a> == $0
<a href="javascript:void(0);" target="_self" title="转到第4页" class="bindclick">4</a>
```

图 9-1　网页源码中的 JavaScript

除了动态网页爬虫这个主要优势之外，用 Selenium 进行爬虫还有一些其他的优势。浏览器的自动化工作已经非常类似于人工操作，网页的提供者很难察觉这个网页请求是来自爬虫程序。因此，对于许多反爬虫机制强大的网站，Selenium 或许是破解之道。同时 Selenium 还能够解决账号登录、验证码输入等特殊问题。

当然，Selenium 的一切优势都是以效率换取的。出于时间成本的考虑，在能够使用 requests 等常规方法的情况下，人们一般不会考虑使用 Selenium。

要在 Python 当中使用 Selenium 操作浏览器，除了使用 pip 安装 Selenium 之外，还要安装与浏览器匹配的浏览器驱动器。本节将使用 Chrome 浏览器进行爬虫，请读者自行在官网或者镜像网站上下载 ChromeDriver。请注意，ChromeDriver 的版本一定要与 Chrome 浏览器的版本相匹配，在 Chrome 地址栏输入 chrome://version/ 可以查看 Chrome 的版本。安装完成后，不妨把 chromedriver.exe 文件的路径加入电脑的环境变量中去。

导入 Selenium.webdriver 包，并且打开一个 Chrome 浏览器：

```python
from selenium import webdriver
browser = webdriver.Chrome()
```

调用浏览器对象的 get 方法，传入一个 URL，在浏览器中打开对应的网页：

```python
browser.get("https://www.ctrip.com/")
```

可以看到该网址已经在 Chrome 的一个新的标签页中被打开。用 XPath 定位到该网页中的某个元素，并点击该元素，如图 9-2 所示。

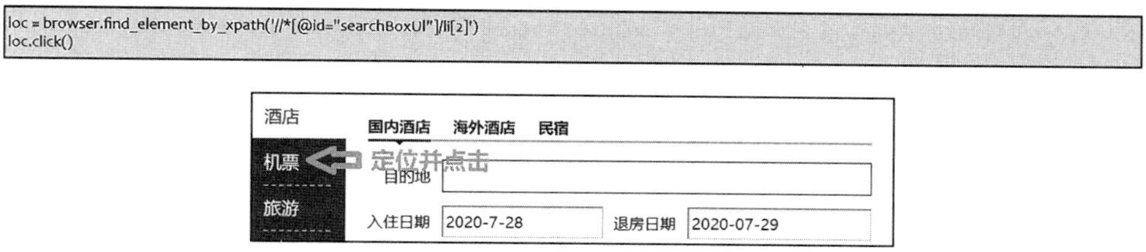

图 9-2 定位并点击"机票"

如果某个元素节点有 id 属性，并且 id 属性的取值在整个网页中是唯一的，那么就可以用 id 来定位该元素，然后调用 send_keys 方法向该元素输入文本：

```python
loc = browser.find_element_by_id('FD_StartCity')
loc.send_keys(" 北京 ")
```

还可以用 CSS selector 定位元素，获取 CSS selector 的方式和获取 XPath 的方式几乎完全相同，按 F12 检查源码后右键点击 Copy selector 即可：

```python
loc = browser.find_element_by_css_selector('#FD_DestCity')
loc.send_keys(" 武汉 ")
```

用元素节点的 name 属性定位元素，如图 9-3 所示。

```python
loc = browser.find_element_by_name('DDate1')
loc.send_keys("2020-10-01")
```

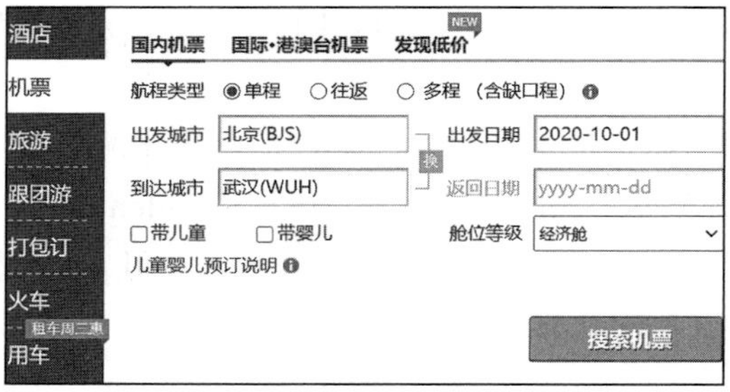

图 9-3　定位元素并输入文本

除了模拟鼠标点击、文本输入，Selenium 还可以模拟键盘点击。模拟按回车以进行搜索：

```
from selenium.webdriver.common.keys import Keys
loc.send_keys(Keys.ENTER)   # 按回车以进行搜索
```

此时，浏览器已经跳转到了国庆节的北京至武汉的航班的搜索结果。注意，此时的网页搜索结果并没有展示出所有的航班信息，这是因为该网页采取的是**懒加载**（load on demand）机制。在很多情况下，为了节约加载时间，网页并不会一次性加载出所有信息。当读者把滚动条向下拉动时，浏览器才会逐渐把尚未加载的信息加载出来，这就是懒加载机制。因此，我们要先让 Selenium 把滚动条向下拖至无法再拖，再提取网页中的数据，方能提取到所有的航班信息。此处的 execute_script 方法的作用是执行 JavaScript 语句：

```
for i in range(10):
    browser.execute_script("window.scrollTo(0, document.body.scroll
        Height);")
        time.sleep(1)
```

此时，该网页已经加载出了所有的航班信息。提取此刻的网页源码，之后就可以从中解析出所有的航班信息：

```
page_source = browser.page_source
```

关闭浏览器：

```
browser.quit()
```

也可以把浏览器设置为无头浏览器，无头浏览器将只在后台运行，而不在前台显现出来：

```
options = webdriver.ChromeOptions()
options.add_argument('--headless')
browser = webdriver.Chrome(options = options)
browser.quit()
```

无头的 Chrome 浏览器的执行速度要快于有头的浏览器。在本章中，为了方便实时观察 Chrome 浏览器的运行状态，我们还是使用有头浏览器。在实际的爬虫项目中，运行效率极高的无头浏览器 PhantomJS 是比 Chrome 或 Firebox 更普遍的选择。

9.2　航班信息管理系统

本节中，我们将应用面向对象的编程思想来构建一个航班信息管理系统和一个用于管理航班信息的 **AirlineTicketsInfoCrawler** 类。

9.2.1　用 Selenium 爬取航班信息

下面我们开始创建 AirlineTicketsInfoCrawler 类。先导入用到的各种工具：

```
from selenium import webdriver
from selenium.webdriver.common.keys import Keys
from lxml import etree
import time
import datetime
import pandas as pd
import os
```

在该类的定义中，我们先只定义一个成员函数，即 __init__ 函数：

```
class AirlineTicketsInfoCrawler:
    """"Get infomation about airline tickets"""
    def __init__(self, depart_city = "北京", dest_city = "上海",
                 date = str(datetime.date.today() + datetime.
                       timedelta(days = 1))):
        self.date = date
        self.depart_city = depart_city
        self.dest_city = dest_city
        self.browser = webdriver.Chrome()            # 打开浏览器
        self.browser.get('https://www.ctrip.com/')   # 进入携程网
        time.sleep(1)
        loc = self.browser.find_element_by_xpath('//*[@id="searchBoxUl"]/
            li[2]')                                  # 定位机票查找界面
        loc.click()                                  # 点击进入
        time.sleep(1)
```

在 __init__ 函数中，我们对几个成员函数进行初始化，默认的出发地、到达地和日期分别是北京、上海和当前时间的第二天。其中，我们先利用用于表示时间差的 timedelta 类型算出了第二天的日期，然后用 Chrome 浏览器进入携程网，并点击机票查找的界面。

定义一个 get_tickets_info 函数来获取航班信息：

```
def get_tickets_info(self):
    self.reinit()
    self.choose_date_and_cities()
    info = []
    for i in range(10):
        # 针对懒加载，模拟滚动条滚动，加载完整页面
        self.browser.execute_script("window.scrollTo(0, document.body.
            scrollHeight);")
        time.sleep(1)
```

```
            page_source = self.browser.page_source        # 获取网页源码
            html = etree.HTML(page_source)
            flights = html.xpath('//div[class="search_table_header"]')
            for flight in flights:
                try:   # 提取每班航班的各项数据
                    airway_xpath = './/div[@data-ubt-hover="c_flight_
                        aircraftInfo"]//strong/text()'
                    flightNo_xpath = './/div[@data-ubt-hover="c_flight_
                        aircraftInfo"]/span/span/span/text()'
                    plane_xpath = './/span[@class="direction_black_border low_
                        text"]/text()'
                    airway = flight.xpath(airway_xpath)[0]       # 航空公司
                    flightNo = flight.xpath(flightNo_xpath)[0]  # 航班号
                    plane = flight.xpath(plane_xpath)[0]         # 机型
                    airports = flight.xpath('.//div[@class="airport"]/text()')
                                                                 # 出发和到达机场
                    times = flight.xpath('.//strong[@class="time"]/text()')
                                                                 # 起飞和抵达时间
                    price = flight.xpath('.//span[@class="base_price02"]/
                        text()')[0]                              # 最低价格
                    print("{}{}     {} {} --> {} {}     最低价格: {}".format(airway,
                        flightNo,airports[0], times[0], airports[1], times[1],
                        price))
                    info.append([airway, flightNo, plane, airports[0],
                        airports[1], times[0], times[1], price])
                except:
                    continue
            print(" 共 {} 条航班信息 ".format(len(info)))
            df = pd.DataFrame(info, columns = ['航空公司', '航班号', '机型',
                                        '出发机场', '到达机场', '出发时间',
                                        '到达时间', '最低票价'])

            if len(df) < 1:
                return df                                # 如果爬取失败，则直接返回
            path = r'..\examples\{}-{}-{}'.format(self.depart_city,
                self.dest_city, self.date)
            folder = os.path.exists(path)
            if not folder:                               # 判断是否存在此文件夹
                os.makedirs(path)                        # 如不存在，则创建之
            file_path = path + '\\' + datetime.datetime.now().strftime('%Y%m%d_%H%M%S')
                + '.csv'
            df.to_csv(file_path, encoding = "utf_8_sig") # 注意中文编码
            return df
```

首先调用 reinit 函数重新初始化浏览器，reinit 函数定义如下：

```
def reinit(self):
    self.browser.get('https://www.ctrip.com/')           # 进入携程网
    time.sleep(1)
    loc = self.browser.find_element_by_xpath('//*[@id="searchBoxU1"]/li[2]')
                                                         # 定位机票查找界面
```

```
loc.click()                                              # 点击进入
time.sleep(1)
```

再调用 choose_date_and_cities 函数，在机票搜索界面输入出发城市、到达城市和日期，并按回车进行搜索。注意，在输入文本之前，要先清除掉此栏可能已经存在的文本：

```
def choose_date_and_cities(self):
    loc = self.browser.find_element_by_id('FD_StartCity')  # 定位到出发城市栏
    loc.clear()                                            # 清理该栏
    loc.send_keys(self.depart_city)                        # 输入出发城市
    time.sleep(2)
    loc = self.browser.find_element_by_id('FD_DestCity')   # 定位到到达城市栏
    loc.clear()                                            # 清理该栏
    loc.send_keys(self.dest_city)                          # 输入到达城市
    time.sleep(2)
    loc = self.browser.find_element_by_id('FD_StartDate')  # 定位到出发日期栏
    loc.clear()                                            # 清理该栏
    loc.send_keys(self.date)                               # 输入出发地
    loc.send_keys(Keys.ENTER)                              # 按回车以进行搜索
    time.sleep(1)
```

返回到 get_tickets_info 函数中，模拟滚动条滚动，将该网页所有懒加载的部分加载出来，然后提取包含了所有航班信息的源码。之后用 XPath 定位法解析源码，并打印提取的信息。注意，由于每个网站都在不断进行更新，网页元素的 XPath 可能会有变动。如果 XPath 无法定位到它曾经能够定位到的网页元素，那么我们就要重新编写 XPath。

我们把提取到的所有航班信息组织为一个 DataFrame；如果 DataFrame 为空，也就是爬虫失败，则提前返回。再调用 DataFrame 的 to_csv 方法将数据储存到本地的 csv 文件。但是，to_csv 方法只能在已有的目录中创建文件，不能创建出新的目录。为了新建一个以出发地、到达地以及航班日期命名的目录，我们需要使用 os 模块。**os** 是 Python 内建的操作系统访问模块，提供了许多常用于使用操作系统的函数，比如新建目录、返回程序运行的路径等，如表 9-1 所示。先调用 os.path.exists 函数，检查我们准备创建的目录是否已经存在；如不存在，则调用 os.makedir 函数来创建它。

表 9-1　os 模块的常用函数

函数	描述
name()	返回目前使用的平台，'nt' 代表 Windows，'posix' 代表 Linux
getcwd()	返回当前工作路径
listdir(path)	返回指定目录下的所有文件和目录名
mkdir(path)	创建目录
rmdir(path)	删除目录
remove(path)	删除文件
path.exists(path)	判断指定路径是否存在
path.isfile(path)	判断指定路径是否为文件
path.isdir(path)	判断指定路径是否为目录
path.getsize(path)	查看文件大小，若为目录则返回 0

调用 to_csv 方法时，为了防止中文乱码，还要把编码设置为 utf_8_sig。最后返回该 DataFrame。

将刚才定义的函数声明为 AirlineTicketsInfoCrawler 类的成员函数：

```
AirlineTicketsInfoCrawler.get_tickets_info = get_tickets_info
AirlineTicketsInfoCrawler.reinit = reinit
AirlineTicketsInfoCrawler.choose_date_and_cities = choose_date_and_cities
```

现在，我们来测试刚才定义的 AirlineTicketsInfoCrawler 类。创建一个名为 crawler 的 AirlineTicketsInfoCrawler 对象，并调用该对象的 get_tickets_info 方法，部分结果如下：

```
crawler = AirlineTicketsInfoCrawler('成都', '广州')
crawler.get_tickets_info()
```

首都航空 JD5162	双流国际机场 T2 20:55 --> 白云国际机场 T1 23:30	最低价格：¥823
成都航空 EU2235	双流国际机场 T2 07:15 --> 白云国际机场 T1 09:40	最低价格：¥855
四川航空 3U8731	双流国际机场 T1 07:00 --> 白云国际机场 T2 09:25	最低价格：¥900
中国国航 CA4305	双流国际机场 T2 07:50 --> 白云国际机场 T1 10:25	最低价格：¥900
昆明航空 KY9446	双流国际机场 T2 08:15 --> 白云国际机场 T1 10:55	最低价格：¥900
深圳航空 ZH9446	双流国际机场 T2 08:15 --> 白云国际机场 T1 10:55	最低价格：¥900
四川航空 3U8739	双流国际机场 T1 19:00 --> 白云国际机场 T2 21:20	最低价格：¥900

……

9.2.2　电子邮件自动发送

我们希望一个管理信息系统提供高效的信息传递功能。如果我们耗费一定的人力资源不停地手动调用 get_tickets_info 函数来查看机票价格是否有波动，那么就失去了构建管理信息系统的意义。因此，本节将为 AirlineTicketsInfoCrawler 类添加定时查询功能和邮件发送功能，以实现以下目标：定时查询机票价格，当价格较低时，自动发送电子邮件，提醒使用者购票。当然，更理想的状况是，系统能够自行决策是否购票并自行购票；我们暂时不介绍如何实现这些复杂的功能。

定义一个最简易的定时执行功能的函数：

```
def monitor_airline_tickets(self, interval = 15):
    current_price = '¥100000'
    while (True):
        df = self.get_tickets_info()
        if len(df) > 0:
            if df['最低票价'].min() < current_price:
                self.send_email(df.iloc[0])
            current_price =  df['最低票价'].min()
        time.sleep(interval * 60)
```

在每一个循环中，先执行一次查询，如果最新的最低价格低于上一次查询时的最低价格，则调用 send_email 函数发送提醒邮件，然后休眠一段时间。此处的低价判断依据十分简单，读者也可以采用更加复杂有效的决策依据。

导入发送邮件所需要用到的 smtp 模块和 email 包：

```
import smtplib
from email.mime.text import MIMEText
from email.mime.multipart import MIMEMultipart
```

SMTP，即简单邮件传输协议，是一个提供可靠的电子邮件传输的协议。smtplib 模块负责邮件的发送，而 **email 包**将负责邮件的构造。

创建一个 MIMEText 对象，即构造一封纯文本的电子邮件，设置邮件的正文内容、编码、发送者的名称、接收者的名称和地址以及邮件主题：

```
msg = "其实这只是一封测试邮件"
message = MIMEText(msg, 'plain', 'utf-8')
message['From'] = 'AirlineTicketsInfoCrawler'
message['To'] = 'myemail@163.com, Jack<*****@qq.com>, Rose<*****@gmail.com>'
message['Subject'] = 'Python 测试邮件'
```

然后创建一个 SMTP 对象来发送邮件：

```
mail_host = "smtp.163.com"                # 设置服务器
password = "***************"              # SMTP 服务授权密码
sender = 'myemail@163.com'
receivers = ['myemail@163.com', '*****@qq.com', '*****@gmail.com']

smtp = smtplib.SMTP(mail_host, 25)    # SMTP 端口号: 25
smtp.login(sender, password)
smtp.sendmail(sender, receivers, message.as_string())
smtp.quit()
```

因为我们将用网易 163 邮箱发送邮件，故使用了网易 163 的 SMTP 服务器。然后，用自己的邮箱地址和 SMTP 服务授权密码登录，如图 9-4 所示。我们需要事先在自己的邮箱中手动开启 SMTP 服务，并获取自己的 SMTP 服务授权密码，再调用 sendmail 函数向一个或多个接收地址发送邮件。注意，接收者地址要与 MIMEText 对象中的接收者地址相匹配。发送完毕后关闭 SMTP 对象，测试邮件如图 9-5 所示。

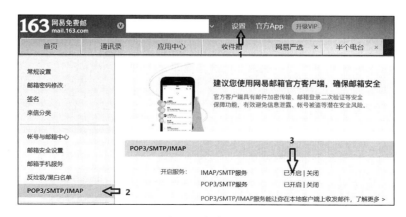

图 9-4　开启 163 邮箱的 SMTP 服务

图 9-5 测试邮件

如果要在邮件中添加附件，则以 MIMEMultipart 对象来构造邮件：

```
message = MIMEMultipart('related')
message['From'] = 'AirlineTicketsInfoCrawler'
message['To'] = 'myemail@163.com, Jack<*****@qq.com>, Rose<*****@gmail.com>'
message['Subject'] = 'Python 测试邮件 '

# 添加邮件正文
text_content = " 这又是一封测试邮件 "
text = MIMEText(text_content,"plain","utf-8")
message.attach(text)

# 添加附件
attachment = MIMEText(open(r'..\examples\sin.pdf', 'rb').read(), 'base64',
    'utf-8')
attachment["Content-Disposition"] = 'attachment; filename="sample.pdf"'
                                        # 设置附件名称
message.attach(attachment)
```

然后再用和之前同样的方法创建 SMTP 对象发送邮件即可，也可以在邮件中插入文本或者用 html 文档构建文件。

现在来定义 AirlineTicketsInfoCrawler 类的 send_email 函数：

```
def send_email(self, flight):
    mail_host="smtp.163.com"              # 设置服务器
    password = "IGJMMNCOGVEPRKBO"         # SMTP 服务授权密码
    sender = 'myemail@163.com'
    receivers = ['myemail@163.com', '*****@qq.com', '*****@gmail.com']

    # 构造邮件
    message = MIMEMultipart('related')
    message['From'] = 'AirlineTicketsInfoCrawler'
    message['To'] =  'myemail@163.com, Jack<*****@qq.com>,
        Rose<*****@gmail.com>'
    message['Subject'] = ' 航班降价提醒 '


    # 添加邮件正文
    text_content = " 新的低价航班: {}{}     {} {} --> {} {}     最低价格: {}".
        format(flight[0], flight[1], flight[3], flight[5], flight[4],
        flight[6], flight[7])
    text = MIMEText(text_content,"plain","utf-8")
    message.attach(text)
```

```
# 添加附件
path = r'..\examples\{}-{}-{}'.format(self.depart_city, self.dest_
    city, self.date)
file_path = path + '\\' + os.listdir(path)[-1]   # 最新的航班信息文件
attachment = MIMEText(open(file_path, 'rb').read(), 'base64', 'utf-8')
attachment["Content-Disposition"] = 'attachment; filename=
    "flights_info.csv"'                          # 设置附件名称
message.attach(attachment)

# 发送邮件
smtp = smtplib.SMTP(mail_host, 25)
smtp.login(sender, password)
smtp.sendmail(sender, receivers, message.as_string())
print ("发送成功！")
smtp.quit()
```

将刚才定义的函数声明为 AirlineTicketsInfoCrawler 类的成员函数：

```
AirlineTicketsInfoCrawler.monitor_airline_tickets = monitor_airline_tickets
AirlineTicketsInfoCrawler.send_email = send_email
```

现在，我们已经完成了 AirlineTicketsInfoCrawler 类，即航班信息管理系统的构建。虽然这个系统极为简易，但读者可以通过添加成员函数的方式轻易地为其添加功能。

最后，定义并执行主函数：

```
def main():
    crawler = AirlineTicketsInfoCrawler('成都', '广州')
    crawler.monitor_airline_tickets()

if __name__ == '__main__':
    main()
```

查看邮箱，这时我们已经收到了带附件的提醒邮件，如图 9-6 所示。

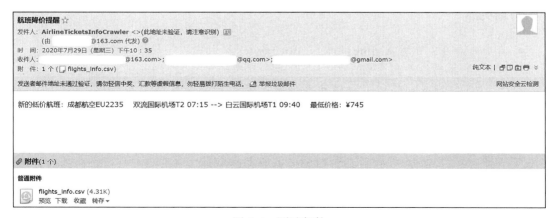

图 9-6　测试邮件

◎ 小结

　　管理信息系统是以人为主导的利用各种信息技术进行信息的采集、储存、传递、处理的系统。现代企业只有在高质量的信息的基础上才能在复杂的商业环境中做出高效、正确的决策。因此，各种管理信息系统的使用会为企业带来巨大的经济效益和社会效益。

　　Web 应用自动化测试工具 Selenium 能够实现浏览器的自动化操作。Selenium 可以通过 XPath 等方式定位网页中的元素，然后模拟鼠标点击、键盘输入等操作，从而实现网页的自动化浏览。常规的爬虫方法往往只能解析出静态的 html 源码中的数据，而无法爬虫 JavaScript 代码动态加载的数据。Selenium 恰好可以用来爬取动态网页中动态加载的数据。除此之外，Selenium 还能用来解决模拟登录、验证码输入、反爬虫等爬虫难题。不过，Selenium 低下的工作效率使我们不会把它当作爬虫的首选方法。

　　借助 Python 标准库提供的 smtplib 模块和 email 包，我们可以实现电子邮件的自动化发送和接收，从而可以实现一个具有定时爬取数据、自动发送提醒邮件功能的简单航班信息管理系统。

◎ 关键概念

- **管理信息系统：** 以人为主导的利用各种信息技术进行信息的采集、储存、传递、处理的系统。
- **Selenium：** 一个 Web 应用自动化测试工具，也可用于网络爬虫。
- **动态网页：** 根据各种环境参数、数据库状态等实时因素来动态生成的网页。
- **JavaScript：** 一个可用于实现交互式网页的高级编程语言。
- **SMTP：** 简单邮件传输协议，一个提供可靠的电子邮件传输的协议。
- **smtplib 模块和 email 包：** Python 标准库提供的分别用于电子邮件发送和电子邮件构造的工具。

◎ 基础巩固

- 请读者对 9.2 节的 AirlineTicketsInfoCrawler 类做出以下改进：
　　1）添加一个用于修改航班出发地、到达地和日期的 reset_flight 成员函数；
　　2）修改 get_tickets_info 成员函数，使之将爬取到的航班信息输出到一个本地的数据库。

◎ 思考提升

- 请读者对 9.2 节的 AirlineTicketsInfoCrawler 类做以下改进：
　　1）修改提醒邮件的发送规则：在原来的设计中，只要航班价格下降，AirlineTicketsInfoCrawler 就会给用户发送提醒邮件；在新的设计中，只有当航班价格下降且价格低于此前两小时的均价时，AirlineTicketsInfoCrawler 才会发送提醒邮件；

　　2）请在提醒邮件中附加一张图表，以显示航班价格的完整的波动过程。

　　要实现以上功能，你需要读取已经储存到本地的所有航班信息，也就是说，你需要利用 os 模块的 listdir 函数来获取指定目录下的所有文件。

◎ **阅读材料**

- **管理信息系统**：https://www.guru99.com/mis-definition.html
- **Selenium 文档**：https://www.selenium.dev/documentation/en/
- **os 模块**：https://docs.python.org/3/library/os.html
- **Python 与电子邮件**：https://realpython.com/python-send-email/#adding-attachments-using-the-email-package

第 10 章 ●—○—●—○—●

Python 应用：市场营销

■ 导引

设想你是某快消品牌的产品经理，你的工作之一是从产品使用者的角度向产品的研发部门提供产品的改良意见，因此你需要统计和总结消费者对公司产品的使用体验和评价。电商网站的商品评论区是消费者发表评价的一个重要平台，你希望从所有商品评价中概括出改良意见。

你当然可以把高赞回答全部浏览一遍然后概括出其中的主要意见。但是，公司的几十件产品都等着你去提供改良意见，你没有充足的时间来浏览每一件商品的高赞评论，你需要一个自动化程度更高的总结方法。于是你决定用 Python 来处理所有的商品评价，自动化地提炼商品评论中的重要意见。如果电商后台无法直接将所有商品评论导出给公司，你就要用网络爬虫来提取所有的商品评论。

那么，如何用 Python 提炼这些文本中的重要意见呢？所有评论都是以人类自然语言写成的，计算机该如何读懂这些自然语言？自然语言处理技术使计算机能够在一定程度上领会自然语言，我们将用 Python 对评论进行一些自然语言处理。

■ 学习目标

- 了解市场营销的基本思想，了解如何用 Python 辅助市场营销；
- 学会使用 Cookie 模拟用户登录，并爬取亚马逊商品评论；
- 掌握 Seaborn 的使用，快速绘制美观的图表；
- 了解自然语言处理的思想和概念，学会用 SnowNLP 等工具进行简单的自然语言处理。

市场营销（marketing）是在创造、沟通、传播和交换产品中，为消费者、合作伙伴以及整个社会带来价值的活动过程和体系，其第一目标是满足消费者的需求与欲望。商品本身的价值是市场营销的根基，满足消费者的需求是市场营销的关键。因此，营销者总会关注消费者对商品的认知。

电商平台的商品评论就是这种认知的一个重要数据来源。本章将演示与简要分析如图 10-1 的亚马逊商品评论的爬取。

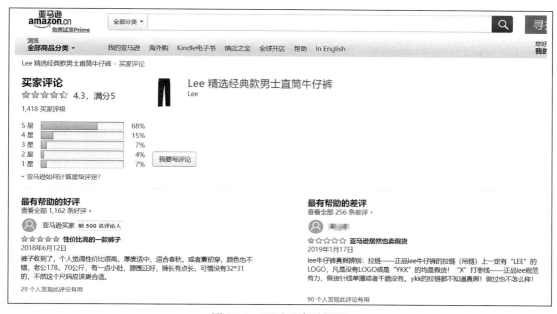

图 10-1　亚马逊商品评论

10.1　爬取亚马逊商品评论

先导入我们将用到的各类库：

```
import pymysql
from fake_useragent import UserAgent
import requests
from bs4 import BeautifulSoup
import time
import random
import pandas as pd
```

电商平台往往是爬虫的重灾区，亚马逊、淘宝等网站都有复杂的反爬虫机制。如果爬虫程序被识别为爬虫，就很可能在一段时间内被禁止访问。使用代理服务器和动态维护 Cookie 池是复杂但最有效的反反爬虫机制。不过在本节，我们仅采用一些简单的技巧来预防反爬虫。第一个技巧是，每次请求网页时，我们都"更换"一个浏览器，也就是使用一个新的 user-agent；此处导入的 fake_useragent 库的作用就是帮我们不断更新 user-agent。第二个技巧是，放缓爬虫的速度以此把程序的操作伪装成人的操作。

主程序如下。我们先定义一些全局变量，然后连接到本地 MySQL 的 marketing 数据库并创建游标，再调用 get_product_reviews 函数来获取商品"Lee 精选经典款男士直筒牛仔裤"的评论。

```python
positive_reviews = []
middle_reviews = []
negative_reviews = []
all_reviews = []

db = pymysql.connect(host = 'localhost', user = 'root', passwd =
    'password', db = 'marketing')
cursor = db.cursor()

product_id = 'B07BWRDXK1'  # 商品 B07BWRDXK1: Lee 精选经典款男士直筒牛仔裤
all_reviews_df = get_product_reviews(product_id)
cursor.close()
db.close()
print(all_reviews_df)
```

我们可从某个商品页面的 URL 中观察该商品的编号。新定义一个 get_product_reviews 函数来获取特定编号商品的前十页中的 100 条评论：

```python
def get_product_reviews(product_id):
    # 在数据库中建表
    sql = '''
        CREATE TABLE {}_review (
            评分 tinyint, 总评 text, 日期 text, 颜色 text, 评论 text);
    '''.format(product_id)
    cursor.execute(sql)
    db.commit()

    # 获取十页评论
    for page_num in range(1, 11):
        print("Getting page {}'s reviews ...".format(page_num))
        url = 'https://www.amazon.cn/product-reviews/{}/'\
            'ref=cm_cr_arp_d_paging_btm_next_2?ie=UTF8&reviewerType='\
            'all_reviews&pageNumber={}'.format(product_id, page_num)
        get_page(url)
        print("Successfully got all of page {}'s reviews\n".format(page_num))
        time.sleep(random.random() * 3)  # 随机休眠，防止访问过于频繁

    df = pd.DataFrame(all_reviews, columns = ['评分', '总评', '日期',
        '颜色', '评论'])
    return df
```

首先，在数据库中为该商品创建一张新表，然后循环以下操作：生成下一页评论的 URL、调用 get_page 函数爬取该页评论、随机休眠 0—3 秒（以放缓爬虫的速度）。

定义一个 get_page 函数来爬取一页评论中的数据：

```python
def get_page(url):
    headers = {
        'user-agent': UserAgent().random,
        'Cookie': cookie
    }
    response = requests.get(url, headers = headers)
    soup = BeautifulSoup(response.text, 'lxml')
    reviews = soup.find_all('div', {'data-hook': 'review'})
                        # 获取本页的每条评论
    for r in reviews:
        # 获取该条评论的各项信息
        star_rating = int(r.find('span', {'class': "a-icon-alt"}).get_
            text()[0])
        review_title = r.find('a', {'data-hook': 'review-title'}).
            find('span').get_text()
        date = r.find('span', {'data-hook': 'review-date'}).get_text()
        color = r.find('a', {'data-hook': 'format-strip'}).get_text()
        comment = r.find('span', {'data-hook': 'review-body'}).find('span').
            get_text()
        review = {'评分': star_rating, '总评': review_title, '日期': date,
            '颜色': color, '评论': comment}
        all_reviews.append(review)
        print(review)

        # 插入数据库
        sql = "INSERT INTO {} (评分，  总评，  日期，  颜色，  评论)   VALUES
            ('{}', '{}', '{}',  '{}', '{}');".format(
            product_id + '_review', star_rating, review_title.replace("'", "''"),
            date.replace("'", "''"), color, comment.replace("'", "''"))
                        # 注意替换掉单引号
        cursor.execute(sql)
        db.commit()
```

在请求头 header 中，我们调用了 fake_useragent 库中的 UserAgent().random 函数以随机获取一个 user-agent，同时还添加了 Cookie。

Cookie 是浏览器存储在用户端的一个很小的文本文件，记录了用户对该网站访问的相关信息。用户访问网站时，需要把本地存储的 Cookie 发送给网站。读者可以尝试一下不设置 Cookie，看看还能不能从亚马逊上爬到数据。如果一直用同一个 Cookie 对亚马逊实施爬虫，亚马逊迟早会识别到爬虫程序。所以，最理想的做法是动态维护一个 Cookie 池，即不断获取新的 Cookie 并换用不同的 Cookie 进行爬虫。还好，我们只需要爬取十页商品评论，最多只需要访问十次亚马逊网站，故不需要采取如此复杂的反反爬虫机制，只需要使用同一个 Cookie。

那么我们该如何获取本地浏览器在亚马逊的 Cookie 呢？打开亚马逊商城，登录自己的账号，按 F12 检查网页后在请求头中找到 Cookie，复制到爬虫程序中即可。具体位置如图 10-2 所示。

图 10-2 查看 Cookie

然后我们还是用 requests.get 函数请求网站，并用 BeautifulSoup 解析响应，并定位到该网页用户的每一条评论，再定位到其中我们想要的信息（评分、颜色等）。

每提取完一条评论中的信息，我们就把这些信息储存到数据库中。注意 replace 方法的使用——我们需要把字符串中的单个单引号（'）全部替换为两个单引号（''），这是因为 MySQL 数据库无法识别字符串内部的单个单引号。

在把数据导出到数据库时，我们还有一种更取巧的做法，即是在所有评论都提取完毕后再把整个 DataFrame 一次性导出到数据库。从编程的工作量来说，整体导出的效率当然更高，我们将不必再编写 SQL 语句。但问题是，一旦有某条数据的导出出现了问题，所有数据的导出就都会失败。而在实际工作中，我们总是会遇到奇怪的小问题，比如某条评论因为使用了 emoji 表情而无法导出到数据库。所以，我们采取低效但稳健的方式，即每提取一条评论中的数据，就立刻把数据插入到数据库中，并提交修改。

10.2　商品评论情感分析

当商品评论本身就带有评分时，产品经理可以直接根据评分来分出好评和差评，总结消费者喜爱或厌恶该产品的原因。但当商品评论只有文本而没有评分时，又该如何将海量不同满意度的评论区分开呢？

自然语言处理（natural language processing）是关于人类与计算机之间用自然语言进行的有效通信的一系列理论和方法，是融合了计算机科学、数学、语言学的前沿科学。近年来，伴随着深度学习和人工神经网络的流行，自然语言处理也成为较为热门的研究方向。自然语言处理包括了文本检索、机器翻译、情感分析等细分领域，涉及的基础技术包括分词、句法分析和关键词抽取等。

自然语言处理的关键难点在于人类使用的自然语言是高度无结构的数据，简单的符号之间会形成复杂的相互作用关系从而表现出丰富的含义。直观地判断，中文的自然语言处理要比一般语言更加复杂。首先，中文的含义是高度语境依赖的。其次，在传统的方法中，"词语"是基本的语义单位，语言的处理一般是以词语为单位进行的（基于深度学习的自然语言处理也常以汉字为单位进行），而且中文语句的每个词语之间不像英语一样有明显的界线。

TextBlob 是一个常用的 Python 英文文本处理库，它为一些简单的自然语言处理问题（如词性标注、情感分析等）提供了易用的接口。**SnowNLP** 则是一个类似 TextBlob 的常用于中文文本处理的自然语言处理库，提供了分词、情感分析、词性标注、简繁体转换等基础的中文文本处理功能。接下来，我们用 SnowNLP 库对之前爬取的亚马逊商品评论进行情感分析。

导入本节所使用的各类库：

```
import pandas as pd
import matplotlib.pyplot as plt
%matplotlib notebook
import seaborn as sns
from snownlp import SnowNLP
from snownlp import sentiment
import jieba
```

商品评论往往有 5 字或者 9 字的字数下限，刚刚达到此下限字数的评论往往特别随意而不太有参考价值。所以，先对之前获取的评论做简单的清理，剔除掉其中的过短评论：

```
all_reviews_df = all_reviews_df[all_reviews_df[' 评论 '].apply(len) >= 10]
print(len(all_reviews_df), " 个有效评论 ")
```
```
99 个有效评论
```

SnowNLP(*str*).sentiments 的作用是计算字符串 str 的积极度。"积极度"越接近 1，语句积极的概率就越大。用 SnowNLP 计算每条评论的积极度：

```
comments = all_reviews_df[' 评论 ']
positive_degree =  comments.apply(lambda x : SnowNLP(x).sentiments)
positive_degree.head()
```
```
0    9.999994e-01
1    1.029279e-10
2    1.805449e-01
3    1.000000e+00
4    5.845604e-01
Name: 评论 , dtype: float64
```

此处还使用了 Series 类的 apply 方法，其作用是传入一个函数名，把该函数作用于该 Series 的每一个元素，返回由所有返回值组成的新序列。同样地，DataFrame 类也有 apply 方法：

```
def add_prefix(str):
    return 'prefix_' + str

all_reviews_df[['总评', '颜色']].apply(add_prefix).head()
```

	总评	颜色
0	prefix_ 亚马逊居然也卖假货	prefix_ 颜色：Boss
1	prefix_ 绝对不是正品	prefix_ 颜色：Murphy
2	prefix_ 合身	prefix_ 颜色：Fowler
3	prefix_ 性价比高的一款裤子	prefix_ 颜色：Fowler
4	prefix_ 感谢评论区的先锋们	prefix_ 颜色：Boss

上图代码用到的 head 方法的作用是返回 DataFrame 的前五行。类似地，end 方法的作用则是返回 DataFrame 的末五行。同时，我们还用了 lambda 函数。lambda 函数是一种定义简单新函数的简化机制。lambda x : func(x) 等价于一个传入参数 x、返回 func(x) 的函数。如果你只是暂时使用这个简单函数，不妨用 lambda 函数取代完整的函数定义。故下图语句的返回值与上图完全相同：

```
all_reviews_df[['总评', '颜色']].apply(lambda x : 'prefix_' + x).head()
```

然后，我们绘制一个散点图，以商品的真实评分为 x 轴，SnowNLP 计算出的积极度为 y 轴，看看积极度计算的效果如何：

```
plt.figure()
sns.set_style('darkgrid')                              # 设置图标风格
sns.set_palette(sns.color_palette('Paired', 5))        # 设置色调
sns.swarmplot(all_reviews_df['评分'], positive_degree,
              hue = all_reviews_df['评分'])
plt.rcParams['font.sans-serif'] `= ['SimHei']          # 中文黑体
plt.xlabel("评分（颗星）")
plt.ylabel("SnowNLP 积极度")
```

此处我们使用 Seaborn 库作图。**Seaborn** 是一个基于 Matplotlib 的数据可视化库。Seaborn 是对 Matplotlib 的补充而非替换，它能帮助使用者方便快捷地画出美观的图表。因为是基于 Matplotlib 封装的，所以我们同时也可以使用 Matplotlib 作图的各类函数来进行各种设置，如图 10-3 所示。

seaborn: statistical data visualization

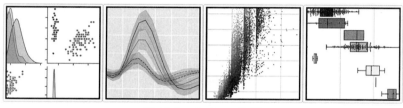

图 10-3　Seaborn 作图

Seaborn 有五种绘图风格：darkgrid、whitegrid、dark、white、ticks。读者可以通过

sns.set_style 函数来尝试不同的绘图风格。

　　Seaborn 提供了灵活的调色板机制。我们调用 sns.color_palette 参数来定制喜爱的配色方案，再调用 sns.set_palette 函数来设置配色方案。如果读者有较高的美学需求，不妨自行查阅官方文档以学习更详细的配色方法。

　　分簇散点图（swarmplot）是 Seaborn 提供的一种特殊的散点图，适合于一个变量的取值为离散值的情况，其中的散点以更美观的树状形式排列。类似的还有分布散点图（stripplot）。swarmplot 函数（以及其他的许多 Seaborn 作图函数）的 hue 参数的作用是设置不同散点的颜色。绘制的分簇散点图如图 10-4 所示。

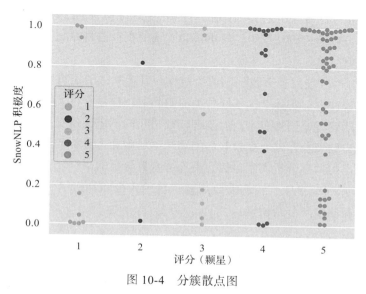

图 10-4　分簇散点图

　　Seaborn 让我们高效地画出基本款 Matplotlib 不易画出的奇特的、优美的图表。请读者根据自己的绘图需求来进行绘图工具的选择。

　　从散点图中可以看到，SnowNLP 的文本**情感分析**（sentiment analysis）在比较可观的程度上是准确的，积极度高的评论和评分高的评论有很大的交集。我们不妨认为积极度大于 0.3 的评价是好评，而积极度小于 0.2 的评价是差评：

```
positive_reviews_df = comments[positive_degree > 0.3]  # 好评
negative_reviews_df = comments[positive_degree < 0.2]  # 差评
print('好评: \n', positive_reviews_df.head())
print('差评: \n', negative_reviews_df.head())
```
```
好评:
0    lee 牛仔裤真假辨别: 拉链——正品 lee 牛仔裤的拉链（吊链）上一定有"LEE"的 LOGO,
     凡 ...
3    裤子收到了, 个人觉得性价比很高, 厚度适中, 适合春秋, 或者夏初穿, 颜色也不错, 老公
     178, 70...
4    在亚马逊之前有过不太好的购物体验, 但这次仔细研究了评论区的意见, 果断改选尺寸,
     171cm,8...
```

```
5      20 岁的我第一次穿牛仔裤，平常都是运动裤或者休闲裤，没有购买和穿着牛仔裤的经历。
       说下几点感受 ...
6      尺寸与介绍的差别太大，32 的腰围实际为 82 厘米，还可以，但 33 的腰围实际为 92 厘米
Name: 评论, dtype: object
差评:
1      和之前几条 LEE 不同的是，1，口袋里的里布上有毛球 ，不知道是用翻新料还是有人穿过。
       2，后袋里 ...
......
```

注意，这个积极度是由 SnowNLP 的默认语料库计算出来的。也就是说，SnowNLP 储存了一个默认的积极语料库 pos.txt 和一个默认的消极语料库 neg.txt，它会依据这两个语料库，使用一定的统计学方法，训练出一个情感分析模型，最后用这个模型来计算新语料的积极度。你可以简单地理解为，新语料和默认的积极语料库的语言学意义上的相似程度越高，积极度就越高。

在 SnowNLP 的安装路径下找到默认语料库，发现默认的语料库其实是大量各式各类商品的积极和消极评价。实际上，不同种类的商品的评论是有很大差别的，电子产品的消费评论和女装的消费评论当然有不同的语言特征，我们不应该用女装的消费评论训练模型后去分析电子产品的消费评论。如果我们的训练语料库和待分析的语料是同一类型的商品评论，那么训练出的情感分析模型自然会更加适合待分析的语料。

因此，在实际的项目中，我们需要构建自己的积极和消极语料库，替换掉默认的语料库。然后训练新的情感分析模型：

```
sentiment.train('neg.txt', 'pos.txt')   # 训练新模型
sentiment.save('sentiment.marshal')      # 保存新模型
```

就商品评论来说，评论往往已经直接包括了消费者对产品的评分，所以营销人员通常不需要利用情感分析来对好评和差评进行分类。但对于其他一些文本，比如新闻评论、微博等，我们就不得不使用 NLP 来判断其积极程度。我们可以用情感分析技术对微博等社交媒体进行舆情监测。当营销人员发现社交媒体上突然出现大量关于其产品的消极文本时，就可以迅速采取公关措施。

产品经理可能希望直接从海量评论中提取出关键信息。SnowNLP 对象的 keywords 方法可用于提取文本中的关键词：

```
print(SnowNLP('适合春秋，或者夏初穿，颜色也不错，老公178').keywords())
['穿', '初', '夏', '178', '公']
```

可见，其实 SnowNLP 的关键词提取效果十分不理想。SnowNLP 的分词效果也仅仅是中规中矩：

```
print(SnowNLP('适合春秋，或者夏初穿，颜色也不错，老公178').words)
['适合', '春秋', '，', '或者', '夏', '初', '穿', '，', '颜色', '也',
   '不错', '，', '老', '公', '178']
```

SnowNLP 把"夏初"和"老公"这样的词语分成了单字。另一个中文文本处理库

jieba 的分词效果要明显优于 SnowNLP。jieba.cut 函数的返回值并不是常见的数据类型，我们还要将其转换为列表：

```
[word for word in jieba.cut('适合春秋，或者夏初穿，颜色也不错，老公178')]
```
```
['适合', '春秋', '，', '或者', '夏初', '穿', '，', '颜色', '也',
    '不错', '，', '老公', '178']
```

文本中有大量"，""或者""也"这样无参考意义的符号和字词，我们将这些统称为停等词。我们事先将所有停等词放在一个文件中。当提取文本中的关键词时，如果这个词存在于该文件中，最好先将其剔除出统计的范围。我们遍历每一条评论，使用 jieba.cut 函数分词后剔除掉停等词，将剩下的词纳入关键词的考量范围。最后调用 Pandas 中的 value_counts 函数计算词频。部分计算结果如下：

```
with open('..\examples\chineseStopWords.txt') as file:   # 打开停等词文件
    stopwords = [x.strip() for x in file]                # 获取停等词表
comments_words = []
for comment in comments:
    for word in jieba.cut(comment):
        if not word in stopwords:                        # 去除停等词
            comments_words.append(word)
pd.value_counts(comments_words)[30:40]                   # 统计词频
```
```
点       10
板型      10
适合      10
裤腿       9
购买       9
一条       9
春秋       8
穿着       8
参考       8
这次       8
dtype: int64
```

可以看到，评论中的大多数高频词，像"一条""购买"等，都没有太大的指导意义。自然语言的每个符号之间通过错综复杂的相互作用才表现出我们所理解到的含义。

◎ **小结**

市场营销是关于创造、传递和交换商品的一切活动，也是"讲故事来让顾客掏钱包"的活动。营销者总是会关注消费者对商品的认知。而 **Python** 数据分析可以帮助营销者从数据中获取认知。

在爬取亚马逊商品评论的过程中，我们应用了随机生成 user-agent、设置 Cookie 等反反爬虫技巧。

Seaborn 是一个基于 **Matplotlib** 的数据可视化库，提供了一些高级的绘图接口，能够帮助我们快速地绘制出一些富有吸引力的图表。

自然语言处理是关于人类与计算机之间用自然语言进行的有效通信的一系列理论和方法，包括机器翻译、情感分析等细分领域。TextBlob、SnowNLP、jieba 等 Python 文本处理工具向我们提供了一些诸如分词的简单自然语言处理功能。

◎ **关键概念**

● **市场营销：** 在创造、沟通、传播和交换产品中，为消费者合作伙伴以及整个社会带来价值的活动过程和体系。
● **fake_useragent：** 一个用于为爬虫提供 user-agent 的 Python 库。
● **Seaborn：** 一个基于 Matplotlib 的数据可视化库。
● **自然语言处理 NLP：** 关于人类与计算机之间用自然语言进行的有效通信的一系列理论和方法。
● **情感分析：** 用自然语言处理的技术来分析文本在情感色彩上的积极或消极程度。
● **TextBlob：** 主流的自然语言处理库，提供了情感分析、词性标注等基本的 NLP 功能。
● **SnowNLP：** 一个常用于中文文本处理的自然语言处理库。
● **jieba：** 主流的 Python 中文分词模块。

◎ **基础巩固**

● 请读者模仿 10.1 节的爬虫程序，编写一个拼多多（https://www.pinduoduo.com）商品评论的爬虫程序。建议你采用 9.2 节的面向对象编程思想，即构建一个类来实现爬虫。
● Seaborn 提供了一个用于线性回归模型的可视化的 lmplot 函数。如果读者不了解线性回归模型，可以先跳至 12.2 节进行学习。请读者学习阅读材料，然后用 seaborn.lmplot 函数绘制图 10-4 数据的线性回归模型。从该图可以看出，评论的评分和积极度并没有呈现特别明显的线性关系。
● 请读者任选一段英文文本，用 TextBlob 对其进行词性标注、短语提取、情感分析、分词和分句。读者可以查阅 TextBlob 官网来学习 TextBlob 的各项自然语言处理功能。

◎ **思考提升**

● 首先，请读者爬取一个电商商店的一些产品的消费者评论，并分别从高分和低分评论中提取出的一些有实际意义的高频词语。你需要思考如何挑选出高频词语中的有实际意义的词汇，比如"好看""修身"等形容词。然后，请你用这些词语来构建自己的积极和消极语料库，并训练出情感分析模型。最后，请你用该模型来对同一个商店的另一件商品的评论进行情感分析，并绘制类似于图 10-4 的分簇散点图，来检验该情感分析模型的可靠性。

◎ **阅读材料**

- **市场营销：** https://en.wikipedia.org/wiki/Marketing
- **fake_useragent：** https://pypi.org/project/fake-useragent/
- **Seaborn 官网：** https://seaborn.pydata.org/
- **Seaborn 可视化线性回归模型：** https://seaborn.pydata.org/tutorial/regression.html
- **自然语言处理：** https://en.wikipedia.org/wiki/Natural_language_processing
- **TextBlob 官网：** https://textblob.readthedocs.io/en/dev/
- **SnowNLP：** https://github.com/isnowfy/snownlp
- **jieba：** https://github.com/fxsjy/jieba

第 11 章 ●─○─●─○─●

Python 应用：会计

■ 导引

pdf 是最常见的文件格式之一，互联网中的教材、论文、研究报告等文件基本上都是以 pdf 格式发布的，PDF 文件也是数据分析的重要来源之一，与 csv、xls、xlsx 等格式相比，PDF 文件数据的导出要更加困难一些。Pandas 库并没有提供读取 PDF 文件的接口，那么，我们该如何将 PDF 文件中的表格导出为 Python 中的 DataFrame 呢？

会计师经常需要对表格数据做一些统计汇总操作；当统计汇总操作涉及数万行的计算量或者复杂的计算时，Excel 运行起来未免有些吃力。Pandas 提供的 groupby 等机制几乎支持各种类型的统计汇总操作，例如依据员工的薪资水平将所有员工分为几个区间，这项工作就可以通过本章介绍的 Pandas 分箱机制来完成。

■ 学习目标

- 理解会计的概念，了解 Python 在会计工作中的作用；
- 学会用 pandas.read_html 函数爬取网页中的表格型数据；
- 学会用 pdfplumber 等工具解析 PDF 文件；
- 掌握 groupby、分箱、数据透视等 Pandas 高级操作。

会计（accountant）的工作通过记账、算账等一系列程序来向财务报告使用者提供的反映企业财务状况和经营成果的财务信息。财务数据处理是会计师的必备技能；面对海量庞杂的财务数据，会计师必须应用一些数据处理工具来解决问题。办公人员每天都会面对大量的 Microsoft Office 文件，Microsoft Excel 内置的 VBA 语言自然成了无数财务人员的数据处理首选工具。

如果你要处理的数据仅仅以 Excel 文件的形式存在，并且每个文件的数据量不过几万行，那么直接使用 Excel VBA 处理数据也很高效。但 Python 的应用场景无疑更加广阔，财务人员要操作的数据不一定全部来自 Excel 文件。并且，一旦数据量过大，Excel VBA 的运行速率会比 Python 慢许多。此外，Python 的一些 Excel 交互库，如 xlwt、xlwings 等，已经非常成熟；在 Excel 文件的操作方面，Python 也并不逊色于 VBA 很多。再者，在 Excel 用户反馈平台中，关于 Excel 是否应该内置 Python 的讨论从未停歇。因此，仅仅从语言特性的角度考虑，Python 在财务工作方面是明显是优于 VBA 的。

11.1　爬取表格型数据

本节我们以网易财经的上市公司财报数据为例，演示如何快速爬取表格型的网页数据。打开网易财经财报大全，如图 11-1 所示。

图 11-1　网易财经财报大全

先导入爬虫所需用到的各类库：

```python
import pandas as pd
import requests
from bs4 import BeautifulSoup
import time, random
```

11.1.1　pandas.read_html 函数

网页中的表格型数据是非常规整的结构化数据。从几个不同网站的表格中可以观察到，表格部分对应的网页源码基本遵循以下结构，都是 table 类型的网页表格，如图 11-2 所示。

图 11-2 table 类型网页表格

table 类型网页表格的节点含义如表 11-1 所示。

表 11-1 table 类型网页表格的节点含义

节点	描述
\<table\>	整个表格
\<thead\>	表头
\<tbody\>	表身，即表头以外的主体部分
\<th\>	表头的单元格，即列名所在的单元格
\<tr\>	表格的行
\<td\>	表身的单元格

所以，如果用 XPath 定位法写出一个 table 类型网页表格的爬虫程序，这个程序基本上是可以直接应用到不同网站的。其实，Pandas 已经内置了这样的一个函数。pd.read_html 函数的作用是读取一个 html 文档中的所有 table 类型的表格。pd.read_html 函数可以直接以 URL 为参数，它将自动获取 URL 对应的 html 源码然后解析出其中的表格。因为 read_html 函数的返回值是一个列表，所以我们查看的是该列表的第一个元素：

```
url = 'http://quotes.money.163.com/data/caibao/xjllb_ALL.
    html?reportdate=20200331'
pd.read_html(url)[0].iloc[:3, :5]
```

	序号	代码	名称	期末现金余额	经营现金流
0	1	605366	宏柏新材	1.85 亿	4,523.58 万
1	2	2993	奥海科技	3.33 亿	1.31 亿
2	3	605066	天正电气	2.30 亿	-9,079.60 万

read_html 函数完美地把网页中的 table 类型表格解析成了 DataFrame 表格。但其实该函数也有处理不了的状况。如果表格的格式略为复杂，比如说表格有两级列名，那么解析出的 DataFrame 可能是完全混乱的。

也可以先用 requests.get 函数获取网页源码，再把整个源码传入 read_html 函数以提取表格：

```
def get_source_code(url, encoding = 'utf-8'):
    headers = {'user-agent': 'Mozilla/5.0 (Windows NT 10.0; Win64; x64) '\
    'AppleWebKit/537.36 (KHTML, like Gecko) Chrome/79.0.3945.117 Safari/537.36'}
    response = requests.get(url, headers = headers, timeout = 5)
    response.encoding = encoding
    return response

pd.read_html(get_source_code(url).text)[0].iloc[:3, :5]
```

	序号	代码	名称	期末现金余额	经营现金流
0	1	605366	宏柏新材	1.85 亿	4,523.58 万
1	2	2993	奥海科技	3.33 亿	1.31 亿
2	3	605066	天正电气	2.30 亿	-9,079.60 万

　　返回的结果完全与直接传入 URL 的情况相同。虽然传入网页源码的方式在代码量上要比传入 URL 的方式麻烦一些，但前者在生产效率上是优于后者的。当大规模爬虫的时候，程序难免会遇到卡死的情况，即一直连接不上某个网页，但是又不抛出异常，导致整个爬虫停滞不前。这时用 requests.get 来获取响应，可以通过设置 timeout 参数来限定一个执行时间上限；一旦该网页的连接时间超过了这个时限，爬虫程序就会跳过该网页继续前进；如果没有超过时限，就再用 read_html 函数解析源码中的表格。这样一来，爬虫程序就不会在某个网页上卡死。而 read_html 函数本身是没有 timeout 参数的；如果直接传入 URL，则该函数很可能因连接不上这个网页而卡死。

　　限制函数、线程或者进程的执行时间，其实是计算机广泛采用的一个机制。计算机必须给某项任务设定一个执行时间的上限，以阻止该任务在出现问题的情况下无限地占用系统资源。我们自己在编写 Python 程序时，特别是处理爬虫这种有可能导致整个程序无法前进的函数时，也最好采用设定执行时间上限的机制。然而，并不是每个函数都有 timeout 参数。在普遍没有 timeout 参数的情况下，我们又如何给函数的执行时间设定上限呢？

　　很可惜，Python 并没有提供一种既通用又简易的 timeout 机制。在 Linux 系统下，借助信号机制，我们可以很轻易地设定函数的运行时限。另一个在所有操作系统中都可以实现的思路是，借助多线程机制。简单地说，就是让程序分出两个同时进行的分支，一个分支进行主要工作，另一个分支计时；一旦超过时限，则关闭工作分支。若读者感兴趣，可以自行尝试。

11.1.2　爬取网易财经财报数据

　　用 requests.get 函数获取网页（http://quotes.money.163.com/data/caibao/yjgl_ALL. html?reportdate=20200331）响应，然后用 BeautifulSoup 解析 html 文档，并且定位到图 9-1 左侧栏所在节点：

```
url = "http://quotes.money.163.com/data/caibao/yjgl_ALL.
    html?reportdate=20200331"
soup = BeautifulSoup(get_source_code(url).text, 'lxml')
tables = soup.find(name = 'div', attrs = {'class': 'fn_rp_submenu'})
print(tables)
```

```
<div class="fn_rp_submenu">
<a class="current" href="/data/caibao/yjgl_ALL.html?reportdate=20200331">
    业绩概览 </a>
<a class="fn_rp_index" href="/data/caibao/zcfzb_ALL.html?reportdate=20200331">
    资产负债简表 </a>
```

```
<a class="fn_rp_index" href="/data/caibao/lrb_ALL.html?reportdate=20200331">
    利润简表 </a>
<a class="fn_rp_index" href="/data/caibao/xjllb_ALL.html?reportdate=20200331">
    现金流量简表 </a>
<a class="fn_rp_index" href="/data/caibao/ylnl_ALL.html?reportdate=20200331">
    盈利能力 </a>
<a class="fn_rp_index" href="/data/caibao/cznl_ALL.html?reportdate=20200331">
    偿债能力 </a>
<a class="fn_rp_index" href="/data/caibao/ccnl_ALL.html?reportdate=20200331">
    成长能力 </a>
<a class="fn_rp_index" href="/data/caibao/yynl_ALL.html?reportdate=20200331">
    营运能力 </a>
</div>
```

提取各表格的名称和链接：

```
table_names = [t.get_text() for t in tables.find_all(name = 'a')]
table_URLs = [t.attrs['href'] for t in tables.find_all(name = 'a')]
```

```
table_names
```
```
[' 业绩概览 ', ' 资产负债简表 ', ' 利润简表 ', ' 现金流量简表 ', ' 盈利能力 ', ' 偿债能力 ',
    ' 成长能力 ', ' 营运能力 ']
```

```
table_URLs
```
```
['/data/caibao/yjgl_ALL.html?reportdate=20200331',
 '/data/caibao/zcfzb_ALL.html?reportdate=20200331',
 '/data/caibao/lrb_ALL.html?reportdate=20200331',
 '/data/caibao/xjllb_ALL.html?reportdate=20200331',
 '/data/caibao/ylnl_ALL.html?reportdate=20200331',
 '/data/caibao/cznl_ALL.html?reportdate=20200331',
 '/data/caibao/ccnl_ALL.html?reportdate=20200331',
 '/data/caibao/yynl_ALL.html?reportdate=20200331']
```

爬虫程序的主体部分如下：

```
writer = pd.ExcelWriter(r'..\examples\financial_statements.xlsx')
for i, name in enumerate(table_names):
    print("Getting table '{}' ...".format(name))
    url = 'http://quotes.money.163.com' + table_URLs[i]
    try:
        new_table = get_table(url)
        new_table.to_excel(writer, sheet_name = name, index = False)
        print("Successfully downloaded table '" + name + "'")
    except:
        print("Exception: Could not get table '" + name + "'")
        continue
writer.save()
writer.close()
```

Excel 很可能是会计师面对最多的文件类型，故本节把爬取的财报数据储存到 Excel

文件中。首先，生成一个 ExcelWriter 对象以创建一个新的 Excel 文件。很可惜，Pandas
库对 Excel 交互的支持是比较有限的，ExcelWriter 并不支持在已有的 Excel 文件中添加数
据，而只支持创建新的 Excel 文件；若同名文件已存在，则会将它覆盖。然后遍历每一张
表格，调用 get_table 函数爬取该表格的所有数据到 DataFrame 中；再调用 DataFrame 的
to_excel 函数，把 DataFrame 写入之前生成的 Excel 文件的一张新的 sheet 中。最后，保
存并关闭 Excel 文件。

get_table 函数的定义如下：

```python
def get_table(url):
    # 分页获取共 160 页数据
    df = pd.DataFrame()
    for p in range(160):
        page_url = url + '&sort=publishdate&order=desc&page=' + str(p)
        try:
            html = get_source_code(page_url).text
            new_page = pd.read_html(html, index_col = 0)[0]
            df = pd.concat([df, new_page], axis = 0, ignore_index = True)
            print("Successfully got page" + str(p))
        except:
            print("Exception: could not get page " + str(p))
        time.sleep(random.random() * 3)   # 随机休眠，防止访问过于频繁
    return df
```

get_table 函数遍历每张表格的 160 页数据，用 read_html 函数把每页数据转化为
DataFrame，并用 pd.concat 函数将新得到的 DataFrame 同之前的 DataFrame 纵向拼接，
每读取完一页数据，随机休眠 0—3 秒以防止访问过于频繁。在爬取的过程中，最好实时
输出程序当前的运行状态，比如当前正在爬取的页码。

11.2 财报数据的处理

11.2.1 PDF 文档解析

pdf 是 Adobe 公司开发的一款跨平台兼容性极强的文档格式。pdf 格式几乎在任何平
台上都能完美地展示文档原稿，因此成为电子文档传播的最理想格式。我们在工作和学习
中见到 pdf 格式文件的频率恐怕不亚于 Microsoft Office 文件，网络中的教材、论文、研
究报告等文件基本上都是以 pdf 格式发布的。会计师作为重度办公人员，一定会遇到需要
处理 pdf 文件中的数据的情况。当需要批量处理 PDF 文件时，仅凭借复制粘贴或者格式
转换软件来处理未免效率太低。此时，Python 将是极佳的选择。

pdfplumber 是一个高效、易用的 pdf 文件解析库。导入 pdfplumber 和 Pandas：

```python
import pdfplumber
import pandas as pd
```

为了辅助下一小节的数据分析，我们在中国证券监督管理委员会官网下载了上市公司行业分类的 pdf 文件，文件内部是一个比较规整的表格，如图 11-3 所示。

门类名称及代码	行业大类代码	行业大类名称	上市公司代码	上市公司简称
综合（S）	90	综合	000532	华金资本
			000551	创元科技
			000571	*ST 大洲
			000609	中迪投资
			000833	粤桂股份
			600175	退市美都
			600200	江苏吴中
			600212	*ST 江泉
			600455	博通股份
			600603	广汇物流
			600620	天宸股份
			600624	复旦复华
			600673	东阳光
			600770	综艺股份
			600784	鲁银投资
			600805	悦达投资

图 11-3　上市公司分类结果 pdf 文件中的部分表格

用 pdfplumber.open 函数打开 PDF 文件，并查看该文件的页码数：

```
path = (r'../examples/上市公司行业分类结果.pdf')
pdf = pdfplumber.open(path)
len(pdf.pages)
```

93

PDF 文件页对象的 extract_text 方法用于按顺序提取其中的文本内容。提取该文件的第三页的前五行文本：

```
pdf.pages[2].extract_text().split('\n')[:5]
['门类名称及代码  行业大类代码  行业大类名称    上市公司代码 上市公司简称 ',
  '采矿业（B）     09        有色金属矿采选业 000506   中润资源 ',
                                        '000603    盛达资源 ',
                                        '000688    国城矿业 ',
                                        '000758    中色股份 ']
```

PDF 文件页对象的 extract_table 方法用于提取其中的表格内容，以列表的列表形式返回表格，内部的每个列表是原表格中的一行：

```
pdf.pages[0].extract_table()[:5]
[['门类名称及代码', '行业大类代码', '行业大类名称', '上市公司代码', '上市公司简称'],
```

```
['农、林、牧、渔业 \n(A)',     '01',     '农业',     '000998',     '隆平高科'],
                   [None,     None,     None,     '002041',     '登海种业'],
                   [None,     None,     None,     '002772',     '众兴菌业'],
                   [None,     None,     None,     '300087',     '荃银高科']]
```

解析完毕后，关闭文件：

```
pdf.close()
```

现在，我们把整个 pdf 文件提取为熟悉的 DataFrame 的形式：

```
with pdfplumber.open(path) as pdf:
    df = pd.DataFrame()
    for p in pdf.pages:
        page = p.extract_tables()[0]
        page = pd.DataFrame(page[1:], columns = page[0])
        df = pd.concat([df, page], axis = 0, ignore_index = True)
```

注意，我们先把列表转化为 DataFrame，再以该 DataFrame 的第一行（即表头）为列索引生成新的 DataFrame。得到的 DataFrame 是比较混乱的：

```
df.head()
```

	门类名称及代码	行业大类代码	行业大类名称	上市公司代码	上市公司简称
0	农、林、牧、渔业 \n(A)	01	农业	000998	隆平高科
1	None	None	None	002041	登海种业
2	None	None	None	002772	众兴菌业
3	None	None	None	300087	荃银高科
4	None	None	None	300189	神农科技

向下填充缺失值：

```
classified_companies = df.fillna(method = 'ffill')
classified_companies.head()
```

	门类名称及代码	行业大类代码	行业大类名称	上市公司代码	上市公司简称
0	农、林、牧、渔业 \n(A)	01	农业	000998	隆平高科
1	农、林、牧、渔业 \n(A)	01	农业	002041	登海种业
2	农、林、牧、渔业 \n(A)	01	农业	002772	众兴菌业
3	农、林、牧、渔业 \n(A)	01	农业	300087	荃银高科
4	农、林、牧、渔业 \n(A)	01	农业	300189	神农科技

调用 DataFrame 的 set_index 函数，把选定的列构造为新的索引。此处，我们用 DataFrame 的门类、大类以及上市代码三列构造一个三级的分级索引：

```
classified_companies.set_index(['门类名称及代码', '行业大类名称',
    '上市公司代码'], inplace = True)
```

```
classified_companies
```

门类名称及代码	行业大类名称	上市公司代码	行业大类代码	上市公司简称
		000998	01	隆平高科
		002041	01	登海种业
农、林、牧、渔业 \n(A)	农业	002772	01	众兴菌业
		300087	01	荃银高科
		300189	01	神农科技
...	...	...	...	...
		600624	90	复旦复华
		600673	90	东阳光
综合 (S)	综合	600770	90	综艺股份
		600784	90	鲁银投资
		600805	90	悦达投资

经过填充缺失值和设置分级索引的处理，最后我们得到的 DataFrame 已经完美还原了 PDF 中的表格数据。

如果想把某级索引重新转换为列，可以调用 reset_index 方法：

```
classified_companies.reset_index(1, inplace = True)
classified_companies.head()
```

门类名称及代码	上市公司代码	行业大类名称	行业大类代码	上市公司简称
	000998	农业	01	隆平高科
	002041	农业	01	登海种业
农、林、牧、渔业 \n(A)	002772	农业	01	众兴菌业
	300087	农业	01	荃银高科
	300189	农业	01	神农科技

除了 pdfplumber 库之外，还有 PyPDF2、pdfminer3k 等 PDF 解析库，它们能够满足大多数的 PDF 解析需求。

11.2.2　数据分组与聚合

本小节内容是 7.2 节内容的直接延续，将以之前获取的上市公司财务数据为例，继续深入介绍 Pandas 中的 groupby 分组机制。

先从 Excel 文件中提取上市公司的资产负债表：

```
def code_expand(code):
    # 在不足六位的股票代码的左侧补零
    s = str(code)
    while len(s) < 6:
        s = '0' + s
    return s


company_property = pd.read_excel(r'..\examples\financial_statements.xlsx',
```

```
        sheet_name = '资产负债简表',  converters = {'代码': code_expand})
company_property.set_index(['代码'], inplace = True)
company_property.head()
```

代码	名称	总资产	货币资金	流动资产	总负债	流动负债	净资产	比上期	公告日期	详细
605366	宏柏新材	11.60 亿	2.00 亿	6.13 亿	3.20 亿	2.91 亿	8.39 亿	--	2020-07-23	详细
002993	奥海科技	21.22 亿	5.58 亿	16.68 亿	12.93 亿	12.33 亿	8.29 亿	--	2020-07-23	详细
605066	天正电气	18.31 亿	2.35 亿	13.37 亿	9.76 亿	9.60 亿	8.56 亿	--	2020-07-21	详细
002995	天地在线	8.14 亿	1.54 亿	7.50 亿	3.68 亿	3.68 亿	4.46 亿	--	2020-07-20	详细
605100	华丰股份	14.60 亿	2.96 亿	8.45 亿	6.13 亿	4.64 亿	8.47 亿	--	2020-07-20	详细

pd.read_excel 参数的作用是把 code_expand 函数应用于"代码"一列。Excel 文件的"代码"一列的数据类型为数字；默认情况下，Pandas 会以数字类型提取该列。故定义一个 code_expand 函数将股票代码转化为字符串，并在不足六位的代码左侧补零。

用 pd.merge 函数合并资产负债表和行业分类表。把 left_on 参数设置为"上市公司代码"，right_index 参数设置为 True，即把资产负债表的三级索引中的"上市公司代码"一列和行业分类表的索引列作为连接键：

```
company_info = pd.merge(classified_companies, company_property,
        left_on = '上市公司代码', right_index = True)
company_info.iloc[: 5, 3: 7]
```

门类名称及代码	上市公司代码	名称	总资产	货币资金	流动资产
农、林、牧、渔业 \n(A)	000998	隆平高科	151.55 亿	13.95 亿	68.17 亿
	002041	登海种业	36.52 亿	5.10 亿	28.58 亿
	002772	众兴菌业	53.66 亿	12.26 亿	21.21 亿
	300087	荃银高科	19.77 亿	4.47 亿	15.40 亿
	300189	神农科技	11.05 亿	1.14 亿	2.42 亿

下面我们来分组计算出每个行业门类当中流动资产比率（流动资产与流动负债之比）最高的三家上市公司。流动资产比率越高，企业的短期偿债能力就越强。首先，取计算流动资产比率需要用到的几列数据，并且剔除其中的缺失值。在该 Excel 文件中，缺失数据用字符串"—"表示，故先用 DataFrame 的 replace 方法把该"—"替换为空值：

```
df = company_info[['名称', '流动资产', '流动负债']].replace('--', None)
df.dropna(inplace = True)
```

然后，定义一个 str_to_num 函数，将形如"3 333.33 万亿"或"99.9 万"的字符串转化为浮点数。再定义一个 most_liquid 函数，其作用是返回传入的 DataFrame 的流动资产比率最高的数行数据。在该函数中，我们调用了 DataFrame 对象的 sort_values 方法进行排序：

```
def str_to_num(num_str):
    num_str = num_str.replace(',', '')  # 去掉逗号
    if num_str[-2] == '万':  # x 万亿
        return float(num_str[: -3]) * 10000
    if num_str[-1] == '万':  # x 万
        return float(num_str[: -2]) * 0.0001
    else:  # x 亿
        return float(num_str[: -2])


def most_liquid(df, row_num = 10):
    df['Liquidity_Ratio'] = df['流动资产'].apply(str_to_num) / 
    df['流动负债'].apply(str_to_num)
    return df.sort_values(by = 'Liquidity_Ratio')[-row_num:]
```

依据 DataFrame 的分层索引的第一层索引进行 groupby 分组，然后调用 groupby 对象的 apply 方法，把 most_liquid 函数应用到 groupby 对象的每一个分组上。most_liquid 函数一共有两个参数；通过 apply 方法调用 most_liquid 函数时，每个分组是作为 most_liquid 函数的第一个参数 df 传入的，而第二个参数 row_num 会被设置为等于 apply 函数的第二个参数：

门类名称及代码	上市公司代码	名称	流动资产	流动负债	Liquidity_Ratio
`df.groupby(level = 0, group_keys = False).apply(most_liquid, 3).head(6)`					
交通运输、仓储和\n邮政业 (G)	601188	龙江交通	23.59 亿	4.95 亿	4.795918
	002320	海峡股份	17.78 亿	2.39 亿	7.695652
	603032	德新交运	4.12 亿	3,516.06 万	11.660978
住宿和餐饮业 (H)	601007	金陵饭店	11.81 亿	6.80 亿	1.735294
	002186	全聚德	8.69 亿	4.65 亿	1.869565
	000524	岭南控股	23.54 亿	11.32 亿	2.079646

11.2.2.1　分箱操作

Pandas 提供了一种分箱机制，可以依据设置的区间将数据分箱。先用一个列表设定每个箱的区间，然后调用 pd.cut 函数进行分箱：

```
bins = [0, 1, 10, 100, 1000]
net_asset = company_info['净资产'].apply(str_to_num)
company_bins = pd.cut(net_asset, bins)
company_bins.head()
门类名称及代码       上市公司代码
农、林、牧、渔业 \n(A)  000998      (10, 100]
                 002041      (10, 100]
                 002772      (10, 100]
                 300087      (1, 10]
                 300189      (10, 100]
Name: 净资产, dtype: category
Categories (4, interval[int64]): [(0, 1] < (1, 10] < (10, 100] < (100, 1000]]
```

与 pd.cut 函数的手动设置分箱区间不同，pd.qcut 函数将自动按照样本数据的分位数来设置区间。调用 pd.qcut 进行分箱时，得到的每个箱将包含同样多的数据点：

```
pd.qcut(net_asset, 4)
门类名称及代码              上市公司代码
农、林、牧、渔业 \n(A)    000998                    (51.7, 27000.0]
                         002041                    (22.85, 51.7]
                         002772                    (22.85, 51.7]
                         300087     (-150.30100000000002, 10.6]
                         300189     (-150.30100000000002, 10.6]
                         ...                                  ...
综合 (S)                  600624                    (10.6, 22.85]
                         600673                    (51.7, 27000.0]
                         600770                    (22.85, 51.7]
                         600784                    (10.6, 22.85]
                         600805                    (51.7, 27000.0]
Name: 净资产 , Length:3712, dtype: category
Categories (4, interval[float64]): [(-150.30100000000002, 10.6] <
    (10.6, 22.85] < (22.85, 51.7] < (51.7, 27000.0]]
```

pd.cut 和 pd.qcut 函数的返回值类型为 Categorical Series，该 Series 对象的每个数据都为 category 类型；该类型也可以传入 groupby 方法，作为 Series 对象的分组依据：

```
net_asset.groupby(company_bins).count()
净资产
(0, 1]             33
(1, 10]           784
(10, 100]        2340
(100, 1000]       465
Name: 净资产 , dtype: int64
```

还可以通过设置 labels 参数给每个分箱区间添加标签：

```
labels = ['Small', 'Medium', 'Large', 'Too Big to Fail']
pd.cut(net_asset, bins, right = False, labels = labels).head()
门类名称及代码              上市公司代码
农、林、牧、渔业 \n(A)    000998      Large
                         002041      Large
                         002772      Large
                         300087      Medium
                         300189      Large
Name: 净资产 , dtype: category
Categories (4, object): [Small < Medium < Large < Too Big to Fail]
```

11.2.2.2　数据透视表

Microsoft Excel 的**数据透视表**（pivot table）提供了丰富的数据分组、汇总计算功能。在 Python 当中，Pandas 库的 groupby 机制提供的其实正是数据透视功能。除了 groupby 机制，Pandas 中还有一个 pivot_table 函数能够提供数据透视表的功能。生成一组初始数据，并把其中的数字字符串转换为浮点数类型：

```
df = company_info.reset_index().iloc[11: 20, [5, 2, 6, 7, 8, 9]]
for i in range(2, 6):
    df[df.columns[i]] = df[df.columns[i]].apply(str_to_num)
df
```

	名称	行业大类名称	总资产	货币资金	流动资产	总负债
11	香梨股份	农业	2.9	1.00000	1.5	0.18586
12	新赛股份	农业	13.5	1.50000	5.7	7.10000
13	北大荒	农业	109.8	16.20000	61.4	41.80000
14	平潭发展	林业	43.5	2.90000	35.3	7.80000
15	ST 云投	林业	33.8	0.82271	22.1	29.70000
16	福建金森	林业	18.9	2.90000	17.3	11.60000
17	ST 景谷	林业	3.2	0.15688	2.6	2.90000
18	罗牛山	畜牧业	69.0	3.80000	17.2	26.60000
19	民和股份	畜牧业	36.0	9.70000	17.2	7.10000

生成一个有双层索引的 DataFrame：

```
pd.pivot_table(df, index = [' 行业大类名称 ', ' 名称 '])
```

行业大类名称	名称	总负债	总资产	流动资产	货币资金
	北大荒	41.80000	109.8	61.4	16.20000
农业	新赛股份	7.10000	13.5	5.7	1.50000
	香梨股份	0.18586	2.9	1.5	1.00000
	ST 云投	29.70000	33.8	22.1	0.82271
	ST 景谷	2.90000	3.2	2.6	0.15688
林业	平潭发展	7.80000	43.5	35.3	2.90000
	福建金森	11.60000	18.9	17.3	2.90000
	民和股份	7.10000	36.0	17.2	9.70000
畜牧业	罗牛山	26.60000	69.0	17.2	3.80000

pivot_table 函数将自动对数据进行分组聚合。在默认情况下，pivot_table 函数采用的分组聚合方式是均值计算，表中的每个数据是该行业几家企业的数据的均值：

```
pd.pivot_table(df, index = [' 行业大类名称 '])
```

行业大类名称	总负债	总资产	流动资产	货币资金
农业	16.361953	42.066667	22.866667	6.233333
林业	13.000000	24.850000	19.325000	1.694897
畜牧业	16.850000	52.500000	17.200000	6.750000

把函数名传入 pivot_table 函数的 aggfunc 参数中，以自定义分组聚合的方式：

```
pd.pivot_table(df, index = [' 行业大类名称 ', ' 名称 '])
```

行业大类名称	总负债	总资产
农业	41.8	109.8
林业	29.7	43.5
畜牧业	26.6	69.0

简单的 pivot_table 函数能够满足大多数的 DataFrame 分组聚合需求；更复杂一些的 groupby 机制则有更加灵活的操作空间。

◎　小结

会计的目标是用财务报告向企业提供财务状况、经营成果和现金流量等有关信息。面对海量庞杂的财务数据，会计师必须操作一些数据处理工具来解决问题。相比于 Microsoft Excel 内置的 VBA，Python 是更加全面、先进的选择。而且，利用 xlwings 等 Excel 交互库，Python 能够显现与 Microsoft Excel 之间的完美交互。

面对网页中的表格数据，Pandas 库中的 read_html 函数可以帮助我们高效爬取；面对 pdf 文件中的数据，pdfplumber 库能够帮助我们高效解析。Pandas 的 groupby 机制和 pivot_table 功能还向我们提供了数据透视的高效方法。

◎　关键概念

- **会计：** 通过记账、算账等一系列程序来向财务报告的使用者反映企业财务状况和经营成果的工作。
- **pdf：** 一款跨平台兼容性极强的文档格式，是网络中电子文档传播的理想格式。
- **pdfplumber：** 一个高效、易用的 PDF 文件解析库。
- **数据透视表：** 提供数据分组、汇总计算等功能的表格公式；Pandas 的 groupby 机制和 pivot_table 函数都可提供数据透视表功能。

◎　基础巩固

- 请读者用 pandas.read_html 函数提取东方财富网数据中心（http://data.eastmoney.com/cjsj/cpi.html）的表格，然后观察 DataFrame 是否完美地复制了网页表格。
- 请读者参照 11.2.2 节，给出每个行业大类中流动负债与流动资产之比最高的五家上市公司。若大类的上市公司数不足五家，则给出该大类的所有公司。

◎　思考提升

- 在很多情况下，DataFrame 对象的某一列数据的取值范围可能是一个较小的有限集合，例如 {A+, A, A−, B, C, F} 和 {男性，女性}。如果 DataFrame 对象的数据量非常庞大，取值范围为 {男性，女性} 的列就将占用大量内存，因为每个汉字都要占用多个字节。既然该列数据的取值要么是"男性"，要么是"女性"，我们不妨建立一个一一映射，把"男性"映射到整数 0，把"女性"映射到整数 1。在 DataFrame 对象中，我们把所有的"男性"和"女性"替换为 0 和 1；如此一来，DateFrame 对象占用的储存空间将大大缩小。11.2.2.1 节的分箱操作获得的 Categorical Series 其实就是以这样的机制实现的。Categorical Series 对象的每个数据都是 category 类型数据，Categorical Series 对象会把每个 category 对象自动地映射为一个数值型数据，然后再储存到内存当中。对于一个 Categorical Series 对象，你可以为其自行定义一个 category 顺序。例如，一个 Categorical Series 对象的 category 数据取值范围为 {A+, A, A−, B, C, F}，你可以定义其顺序为 "A+ < A < A− < B < C < F"。当你用 sort_values 对该 Series 对象进行排序时，排序会依据你自定义的顺序来进行。因此，你可以借助 category 类型来实现 Series 和 DataFrame 的自定义排序。

请读者参考阅读材料，学习 category 类型数据的相关操作。然后，请读者创建一个有十万行数据的 DateFrame 对象。该对象的某一列数据类型为 category，取值范围为 {A+, A, A−, B, C, P, F}，并以 "A+ > A > P > A− > B > C > F" 为顺序，最后用该列数据对整个 DataFrame 进行排序。

- 在 11.1.2 节，我们每次从网页中提取一张表格，就将此表格添加为 Excel 文件的一张 sheet；当所有表格添加完毕后，我们才能保存该 Excel 文件。如果程序中途停止，已经添加的表格则都不会被保存。

更可靠的做法是，每追加完一张 sheet，就保存此刻的 Excel 文件，以防止已经保存的数据受到程序的后续运行状态的影响。可惜，Pandas 提供的 Excel 文件交互功能比较有限，且 Pandas 并不支持在已有的 Excel 文件中追加数据。我们要借助其他工具来实现更可靠的 Excel 交互功能。Excel 交互库 xlwings 就是一个可选的工具。

请读者学习阅读材料，掌握 xlwings 的最基础用法，然后修改 11.1.2 节的代码，用 xlwings 把 DataFrame 追加导出到 Excel 文件中。

◎ 阅读材料

- **pdfplumber**：https://github.com/jsvine/pdfplumber
- **pandas.pivot_table 函数文档**：https://pandas.pydata.org/pandas-docs/stable/reference/api/pandas.pivot_table.html
- **pandas.Categorical 类型文档**：https://pandas.pydata.org/pandas-docs/stable/user_guide/categorical.html
- **xlwings 快速入门**：https://docs.xlwings.org/en/stable/quickstart.html
- **xlwings 和 pandas.DataFrame**：https://docs.xlwings.org/en/stable/datastructures.html

Python 应用：经济

■ 导引

计量经济学会用统计学方法来定量地研究经济领域的变量间的关系，例如城镇居民人均消费支出 y 和城镇居民人均可支配收入 x 之间的定量关系。根据常识或观察，我们认为变量 y 的增长是由变量 x 的增长引起的，两个变量之间的关系可能是线性的关系。在线性模型中，我们设定变量 x 可以线性地解释变量 y，即 $y = bx + a + e$。线性回归是求解线性模型的统计学方法。通过线性回归，我们可以计算出线性回归模型的系数 a 和 b，从而确定变量 x 与 y 的关系。

最小二乘法是线性回归的最常见方法；但是，就算是最简单的最小二乘法也有巨大的计算量。所以，我们希望可以用 Python 来实现线性模型的求解。本章将介绍如何在 Python 中用各种线性回归方法来求解线性回归模型。

■ 学习目标

- 了解 Python 在经济学研究中的作用，用 Python 爬取宏观经济数据；
- 理解线性回归的基本思想，掌握用 Python 进行回归分析的基本方法。

编程也是经济学研究者的众多必备技能之一。毫无疑问，经济学研究是严重依赖于建模、统计和数据分析等工作的，而这些工作又都非常依赖于编程。所以，很多经济学学者都掌握了一定的编程语言和工具。就经济学的学术研究来说，在众多语言当中，Python 并不是特别突出的一个。不同的软件和工具各有各的优势，但彼此之间也存在一定的可替代性。

对经济学学者来说，编程的首要动机大概是计量分析。不过，本书所面向的读者主要是经济学基础较为薄弱、对计量经济学不太了解的人群。所以本章的内容是 Python 在经济学中的应用，我们主要关注那些与此前章节紧密相关的内容——数据收集、数据整理以及数据可视化——在经济领域相关问题的简单应用。

12.1　爬取经济数据

本节将详细演示如何从东方财富网数据中心（http://data.eastmoney.com/cjsj/cpi.html）爬取中国宏观经济的各项数据，图左栏即是我们将爬取的各个表格，如图 12-1 所示。要记住，不同网站的爬取过程是不尽相同的，我们不可能完全照抄其他网站的爬虫代码来爬取新的网站。但是，就算是不同网站的爬虫程序，也基本上遵循相同的方法，只是在具体实现上有所差异。所以，本节的重点不是介绍如何爬取东方财富网的数据，而且用实例来锻炼读者分析网站、编写程序、解决问题的能力。

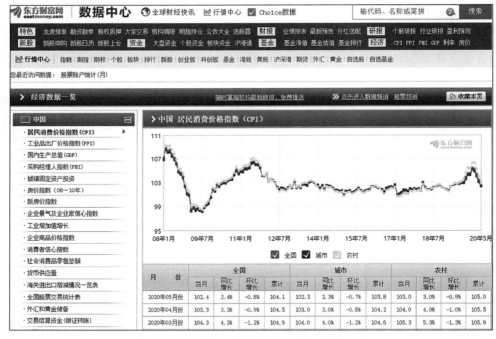

图 12-1　东方财富网数据中心经济数据一览

导入我们将要用到的库：

```
import pandas as pd
from selenium import webdriver
import requests
from lxml import etree
from sqlalchemy import create_engine
```

爬虫程序的第一步是获取网页源码。新定义一个发送请求、获取响应的 get_source_code 函数：

```
def get_source_code(url):
    headers = {'user-agent': 'Mozilla/5.0 (Windows NT 10.0; Win64; x64) '\
    'AppleWebKit/537.36 (KHTML, like Gecko) Chrome/79.0.3945.117 Safari/537.36'}
    response = requests.get(url, headers = headers)
    response.encoding = 'GBK'
    return response
```

该程序的作用是获取传入的 URL 的网页源码。点击图 12-1 左栏的各表格，我们发现几乎每张表格所在网页的 URL 都以 "***.html"（其中 "***" 为表格的英文简称）结尾，且每个网页的布局基本上是相同的（都形似图 12-1）。那么，每个网页的 html 源码的结构也会是基本相同的。也就是说，我们大概可以用同一段代码来爬取每一张表格。

那么，我们先用 XPath 定位的方法获取每一张表格的名称和 URL 的后缀：

```
url = "http://data.eastmoney.com/cjsj/cpi.html"
html = etree.HTML(get_source_code(url).text)
table_names = html.xpath("//ul[@id='ul99']/li/div/a/text()")
table_locations = html.xpath("//ul[@id='ul99']/li/div[1]/a/@href")
table_locations[-1] = "oil_default.html"
```

在浏览器中检查"工业品出厂价格指数"的网页源码，会得到图 12-2，即对应的 HTML 节点。从图中可以看到，该节点的 href 属性即是表格所在网页的 URL 的后缀，该节点的文本即是表格名称。一个节点的 XPath 路径表达式不是唯一的，下图节点的一种 XPath 表达式为 //ul[@id='ul99']/li[2]/div/a。在该表达式末尾加上 /@href，就得到该节点的 href 属性的 XPath。在该表达式末尾加上 /text()，就得到该节点的文本的 Path 表达式。把表达式中的序号 2 替换为其他序号，就得到了其他表格对应节点的 XPath，如图 12-2 所示。

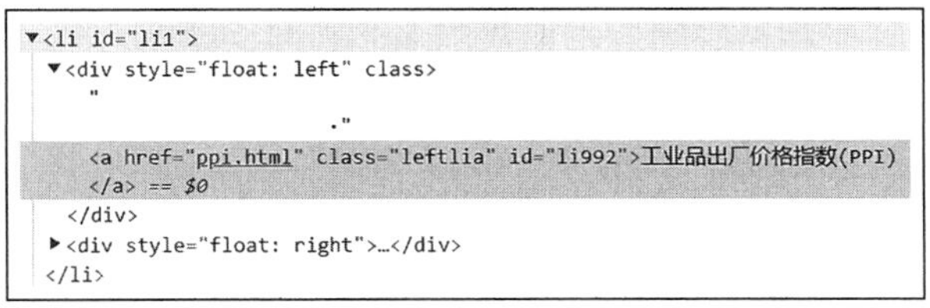

```
▼<li id="li1">
  ▼<div style="float: left" class>
      "
                ."
      <a href="ppi.html" class="leftlia" id="li992">工业品出厂价格指数(PPI)
      </a> == $0
  </div>
  ▶<div style="float: right">…</div>
</li>
```

图 12-2　"工业品出厂价格指数"的 HTML 节点

爬取的部分表格名称和 URL 后缀：

```
table_names
['居民消费价格指数（CPI）',
 '工业品出厂价格指数（PPI）',
 '国内生产总值（GDP）',
 '采购经理人指数（PMI）',
 '城镇固定资产投资',
 '房价指数（08—10 年）',
```

```
 '新房价指数',
 '企业景气及企业家信心指数',
......
```

```
table_locations
```

```
['cpi.html',
 'ppi.html',
 'gdp.html',
 'pmi.html',
 'gdzctz.html',
 'house.html',
 'newhouse.html',
 'qyjqzs.html',
......
```

然而，我们无法用刚刚得到的 URL 完成爬虫。原因在于，以 ***.html 结尾的 URL 只给出了表格的第一页，解决方法是分页进行爬取，如图 12-3 所示。

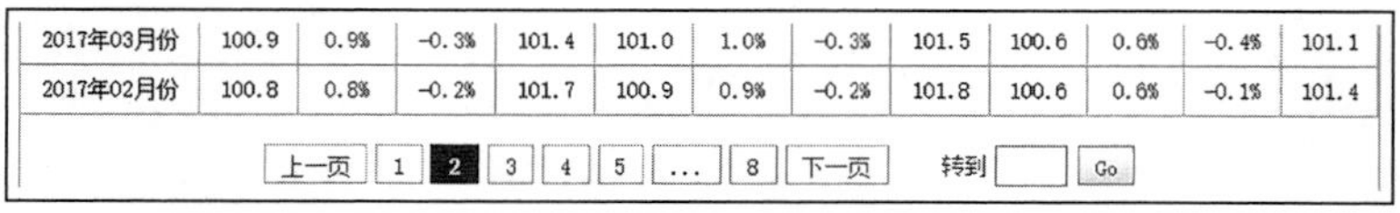

2017年03月份	100.9	0.9%	-0.3%	101.4	101.0	1.0%	-0.3%	101.5	100.6	0.6%	-0.4%	101.1
2017年02月份	100.8	0.8%	-0.2%	101.7	100.9	0.9%	-0.2%	101.8	100.6	0.6%	-0.1%	101.4

图 12-3　分页爬取

点击后面的页码，我们发现表格的第一页之后的页码的 URL 都以 *****.aspx?p=* 结尾（其中“*****”为表格的英文全称，不同于之前的英文简称；“*”为页码）。接下来，我们把以 ***.html 结尾的 URL 称为初始 URL，把以 *****.aspx?p=* 结尾的 URL 称为真实 URL。要获取完整的表格数据，我们必须先获取每张表格的完整 URL。

我们很容易联想到，可以仿照之前获取初始 URL 的方法来获取真实 URL。具体来说，我们先打开一张表格的初始 URL，然后用 XPath 定位到页码所在节点，获取该节点的 href 属性即可。这个思路是正确的，但我们无法复制之前的实现方式。

我们所爬取的网页是动态网页，之前定义的 get_source_code 函数却只获取了静态的源码。页码节点的 href 属性的值为 javascript:void(0);，如图 12-4 所示。浏览器可以用该代码来动态获取真实 URL，但 Python 程序却很难做到。

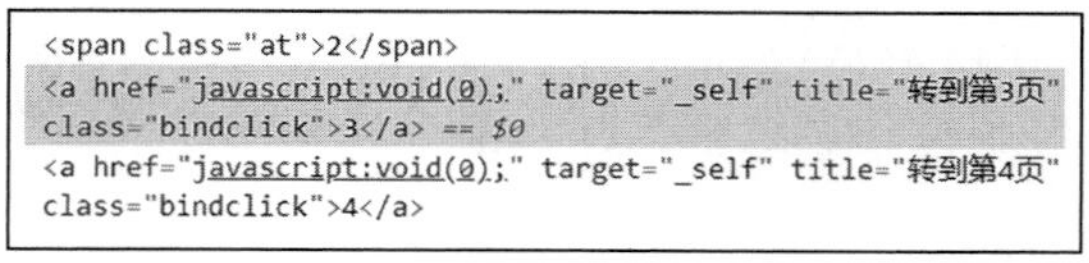

```
<span class="at">2</span>
<a href="javascript:void(0);" target="_self" title="转到第3页" class="bindclick">3</a> == $0
<a href="javascript:void(0);" target="_self" title="转到第4页" class="bindclick">4</a>
```

图 12-4　页码节点

我们之前可以轻松地在 HTML 文档中找到初始 URL，是因为初始 URL 恰好是网页源码当中静态的部分，而我们现在寻找的真实 URL 却是源码当中动态的部分。既然浏览器能够解析动态网页，那我们用 Selenium 自动化操作浏览器自然可以解决当前的困境。

定义一个函数，传入初始 URL，返回真实 URL：

```
def get_real_url(url):
    chrome_options = webdriver.ChromeOptions()
```

```
    chrome_options.add_argument('--headless')
    dr = webdriver.Chrome(options = chrome_options)
    dr.get(url)
    try:
        dr.find_element_by_xpath('//*[@id="PageCont"]/a[2]').click()
                                          # 点击表格第二页
        windows = dr.window_handles
        dr.switch_to.window(windows[-1])   # 将当前标签页转移到第二页
        real_url = dr.current_url          # 获得第二页的 url
        dr.quit()
        return real_url[:-4]
    except:
        return ''                          # 表格无第二页时，返回空字符串
```

该函数的实现思路是，操作 Chrome 浏览器打开初始 URL 对应的网页、通过 XPath 定位页码按钮、点击打开表格第二页所在网页、切换到该标签页、获得当前标签页的 URL，即为该表格的真实 URL。

下图是该爬虫程序的主函数。对于 table 类型的表格数据，pandas.read_html 函数是更简洁的爬虫方法，但本节我们还是采用更机械的 XPath 定位法。依次对每张表格执行如下操作：用 get_table 函数下载表格数据、储存到数据库。不论爬虫程序如何智能、完善，爬虫过程中我们还是会遇到各种各样的异常状况，所以一定要加入异常处理机制：

```
connect = create_engine('mysql+pymysql://root:password@localhost:3306/
    economics?charset=utf8')
for i in range(len(table_names)):
    url = "http://data.eastmoney.com/cjsj/" + table_locations[i]
    try:
        table = get_table(url)
        pd.io.sql.to_sql(table, table_names[i], connect, schema = 'economics',
            index = False)
        print("Successfully downloaded table '" + table_names[i] + "'")
    except:
        print("Exception: Could not get table '" + table_names[i] + "'")
        continue
```

get_table 函数先调用 get_real_url 函数获取真实 URL，再调用 get_total_page 函数获取该表格的总页数，然后遍历每一页表格所在的网页提取数据并储存到 DataFrame 中，最后调用 get_columns_name 函数获取表格的列名作为 DataFrame 的列索引：

```
def get_table(url):
    real_url = get_real_url(url)
    total_pages = get_total_pages(url)        # 获取总页数

    # 分页获取数据
    df = pd.DataFrame()
    for p in range(1, total_pages + 1):
        page_url = (real_url + "?p={}").format(p)
```

```
        new_page = get_page(page_url)
        df = pd.concat([df, new_page], axis = 0, ignore_index = True)
    df.columns = get_column_names(url)          # 获取列名
    return df
```

仔细观察表格的 HTML 源码，我们会发现几乎每张表格都会在同一个位置记录总页数。get_columns_name 函数还是采用 XPath 定位的方法获取总页数。在一些情况下，我们需要获取的数据（比如此处的总页数）并不显式地存在于生成的网页中，编程者需要直接观察 HTML 源码来查找该数据。

```
def get_total_pages(url):
    # 获取总页数
    html = etree.HTML(get_source_code(url).text)
    return int(html.xpath('//input[@id="pagecount"]/@value')[0])
```

get_page 函数逐列地获取表格数据，我们将新得到的列添加到 DataFrame 中：

```
def get_page(url):
    df = pd.DataFrame()
    html = etree.HTML(get_source_code(url).text)
    for col_num in range(1, 100):
        xpath = "//table[@id='tb']/tr[position()>1 and not(contains
            (@class,'secondTr'))]/td[{}]//text()"
        column = html.xpath(xpath.format(col_num))
        if column == []:
            break
        df[col_num] = string_clean(column)
    return df
```

"//table[@id='tb']/tr[position()>1 and not(contains(@class, 'secondTr'))]/td[col_num]//text()" 是表格中一整列数据的 XPath 路径表达式 (not(contains(@class, 'secondTr')) 的作用是去掉第二行可能为列名的数据)。类似地，表格中一整行数据的 XPath 路径表达式就是 "//table[@id='tb']/tr[row_num]/td//text()"（请读者仔细观察两式的异同）。既然整列数据和整行数据都是容易定位的，那我们为什么要选择按列遍历，而不是按行遍历呢？DataFrame 的行和列的地位是不相同的，可以说，一个 DataFrame 是由各列拼接在一起形成的，每一列又是一个相对独立的子数据结构。因此，在已有的 DataFrame 中添加列的速度要快于添加行的速度。出于效率的考虑，我们选择按列遍历。

新定义一个 string_clean 函数对数据做简单的清理工作，去掉字符串中的空白字符，删去空字符串：

```
def string_clean(string_list):
    for i, datum in enumerate(string_list):
        string_list[i] = datum.strip()          # 去掉字符串中的空白符
    while '' in string_list:
        string_list.remove('')                  # 去掉列表中的空白符
    return string_list
```

列名的获取也并不像看起来那么容易。观察图 12-1，我们注意到，部分表格并不只有一行列名，而是有两级列名。难以处理的两级列名也是我们没有直接使用 pd.read_html 函数的原因，read_html 提取的表格是混乱的。获取列名的过程中，我们要检查这个列名是只对应一列还是对应多列；如果一个列名对应多列，则我们要将其与子列名拼接起来以获得完整的列名。定义一个 get_column_names 函数以获取表格的完整列名：

```python
def get_column_names(url):
    html = etree.HTML(get_source_code(url).text)
    names = []
    k = 1
    for i in range(1, 20):
        name = html.xpath('//*[@id="tb"]/tr[1]/th[{}]//text()'.format(i))
        if name == []:
            break;
        colspan = html.xpath('//*[@id="tb"]/tr[1]/th[{}]/@colspan'.format(i))
        if  colspan != []:       # 如果该列名对应多列
            col_num = int(colspan[0])
            for j in range(col_num):
                subname = html.xpath('//*[@id="tb"]/tr[2]/th[{}]//
                    text()'.format(k))
                if subname == []:
                    subname = html.xpath('//*[@id="tb"]/tr[2]/td[{}]//
                        text()'.format(k))
                k += 1
                if subname != []:
                    names.append(name[0] + '-' + subname[0])
                                # 则拼接列名和子列名
        else:
            names.append(name[0])
    return names
```

运行完主函数后，在数据库中检查爬虫结果。我们发现，该程序成功爬取了一共 28 张表格中的 22 张。点击爬虫失败的表格所在网页，观察到它们的布局与其他网页有较大的差异。对于这些网站，我们用到的许多 XPath 定位是失效的，爬取失败自然是可以理解的。

不同网站之间差异极大，我们不可能直接使用东方财富的爬虫程序来爬取其他网站。但是，读者可以在演练本节代码的过程中加深对爬虫方法的理解、锻炼解决编程问题的能力。

12.2　线性回归

线性回归（linear regression）是统计学中的一个经典方法，即研究变量与变量之间可能存在的线性相关关系。具体来说，就是依据给定的数据集 $\{(x_1, y_1), (x_2, y_2), \cdots, (x_n, y_n)\}$ 来求解截距 a 和回归系数 b、寻找一个线性模型 $y_i = bx_i + a + e_i$，使该函数够尽可能精准

地反映变量 y 和 x 的关系。当 b 和 x 为实数时，该模型为一元线性回归模型；当 b 和 x 为长度大于 1 的向量时，该模型为多元线性回归模型。其中，a 为函数的 y 轴截距，b 为回归系数，e_i 为残差，即 y 的预测值和真实值的差距。

当一个线性回归模型足够精准时，我们就可以通过该模型和已知的 x 值来预测对应的 y 值。

线性回归方法在经济学、金融学等领域中得到广泛的应用。线性回归是计量经济学家们对经济问题做定量研究的最常用方法，睿智的学者们常常用线性回归来进行因果推断。不过必须注意，样本数据集并不能完美地反映总体数据的特征，自变量与因变量之间的"相关性"也并不等于"因果性"。因此，在实际的计量经济学问题中，我们还要做出许多假设或额外的工作，才能借助线性回归完成因果推断。

本书期望读者掌握利用 Python 进行回归分析的方法。在本节中，我们以财政收入和税收收入两个变量为例，用统计建模包 **statsmodels** 和机器学习工具 **sklearn** 来进行线性模型的估算和可视化。

首先，导入我们将要用到的库，并且连接数据库：

```
import pandas as pd
import matplotlib.pyplot as plt
%matplotlib notebook
from sqlalchemy import create_engine
connect = create_engine('mysql+pymysql://root:password@localhost:3306/
    economics?charset=utf8')
from datetime import datetime
import statsmodels.api as sm
from sklearn import linear_model
```

然后从数据库中下载上节爬取的税收收入数据。税收收入表的数据是规整的（也就是说并没有缺失的季度），故我们直接生成一个频率为 3 个月（也就是一季度）的 Datetimeindex 索引，从而构造出一个税收收入的时间序列。有三点值得注意：第一，Datetimeindex 索引的频率是 –3M 而非 3M，这两个的频率分别对应顺序完全相反的两个索引；第二，要把字符串格式的原始数据转化为数值格式；第三，我们爬取的原始数据并不是"当季度的税收"，而是"当年度截至当季度所收入的总税收"，因此我们还需要计算出每一季度的税收。

```
quarter_index = pd.date_range(start = '2020-3', periods = 49, freq = '-3M')
tax_revenue = pd.io.sql.read_sql_table("全国税收收入", connect)
    ['税收收入合计（亿元）'][:49]
tax_revenue = tax_revenue.astype(float)
tax_revenue.index = quarter_index
for i in range(len(tax_revenue)):
    if i %4 != 0:
        tax_revenue[i] -= tax_revenue[i + 1]
            # 减去本年度此前的季度的税收，计算该季度的税收
tax_revenue.name = '税收收入'
```

```
tax_revenue.head(10)
```

```
2020-03-31        39029.0
2019-12-31        31022.0
2019-09-30        34546.0
2019-06-30        45718.0
2019-03-31        46706.0
2018-12-31        28915.0
2018-09-30        35857.0
2018-06-30        47297.0
2018-03-31        44332.0
2017-12-31        31259.0
Freq: -3M, Name: 税收收入 , dtype: float64
```

再构造财政收入的时间序列。我们要把财政收入表中的月份一列转化为时间序列的索引，因此调用 datetime.strptime 函数，把形如 **** 年 ** 月份的字符串转化为时间戳：

```
month_index = pd.io.sql.read_sql_table(" 财政收入 ", connect).iloc[:, 0][2:]
for i in range(2, len(month_index) + 2):
    month_index[i] = datetime.strptime(month_index[i], "%Y 年 %m 月份 ")
```

财政收入表是按月记录的，故该时间序列的频率为一个月：

```
fiscal_income = pd.io.sql.read_sql_table(" 财政收入 ", connect)[' 当月 ( 亿元 )'][2:]
fiscal_income = fiscal_income.astype(float)
fiscal_income.index = month_index
fiscal_income.head()
```

```
月　份
2020-03-01        10752.0
2020-02-01            0.0
2019-12-01        11415.0
2019-11-01        11263.0
2019-10-01        17026.0
Name: 当月 ( 亿元 ), dtype: float64
```

但是，要探究财政收入和税收收入的相关关系，须保证两个时间序列的频率是一致的。因此，我们要对财政收入时间序列做降采样，将每 3 个月的财政收入求和为一个季度的财政收入：

```
fiscal_income = fiscal_income.resample("3M", closed = 'left').sum()
    [::-1]
fiscal_income.name = " 财政收入 "
fiscal_income.index.name = " 季度 "
fiscal_income.head(10)
```

```
季度
2020-03-31        10752.0
2019-12-31        39704.0
2019-09-30        42832.0
2019-06-30        54190.0
2019-03-31        14552.0
```

```
2018-12-31    37521.0
2018-09-30    41501.0
2018-06-30    53784.0
2018-03-31    50546.4
2017-12-31    38438.0
Freq: -3M, Name: 财政收入, dtype: float64
```

在同一个面板上绘制折线图和散点图：

```
fig, axes = plt.subplots(1, 2)
plt.rcParams['font.sans-serif'] = ['SimHei']   # 中文黑体
plt.subplots_adjust(wspace = 0.02)

# 绘制折线图
axes[0].grid(ls = ":")
axes[0].plot(fiscal_income, label = "财政收入")
axes[0].plot(tax_revenue, 'g--', label = "税收收入", )
axes[0].set_ylabel("收入（万亿元）")
axes[0].legend()

# 绘制散点图
axes[1].grid(ls = ":")
axes[1].scatter(tax_revenue, fiscal_income, s = 20, c = "y")
axes[1].set_xlabel("税收收入（万亿元）")
axes[1].set_ylabel("财政收入（万亿元）")
axes[1].yaxis.set_label_position("right")
axes[1].yaxis.set_ticks_position("right")
```

其中，最末两行代码的作用是将右子图的 y 轴刻度和 y 轴标签放在图的右侧。绘制的图案如图 12-5 所示。

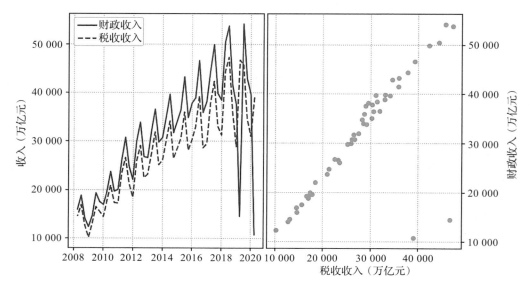

图 12-5　财政收入和税收收入的关系

由图可见，财政收入和税收收入有极为显著的线性相关关系——这显然也是符合常识的，税收是财政收入的主要来源。不过，散点图右下角有两个极为明显的离群点，我们可以剔除这两个反常样本：

```
fiscal_income[fiscal_income < tax_revenue / 3] = tax_revenue
```

下面开始求解线性回归模型。截距 a 可被视作一个恒为 1 的变量的系数。构造一个 DataFrame，使其每一行为自变量（税收收入和常数项 1）的一组取值：

```
variables = pd.DataFrame(tax_revenue)
variables['常数项 1'] = 1
variables.head()
```

	税收收入	常数项 1
2020-03-31	39029.0	1
2019-12-31	31022.0	1
2019-09-30	34546.0	1
2019-06-30	45718.0	1
2019-03-31	46706.0	1

把这组自变量样本以及对应的因变量样本传入 statsmodels 包的 OLS 函数：

```
model = sm.OLS(fiscal_income, variables)
results = model.fit()
print(results.summary())
```

OLS（ordinary least squares），即**最小二乘法**，是一种常用的求解线性模型的方法，其基本思想是最小化所有样本数据点的残差 e 的平方和。求解的结果如图 12-6 所示。

从求解结果中得出的部分信息：

1）税收收入和常数项 1 的系数，也即回归函数的斜率 b 和纵截距 a，分别近似为 1.142 0 和 824.733 4，故近似的线性模型为 $y=1.142\,0x+824.733\,4$；

2）决定系数 R-squared = 0.968，表明财政收入的变化约有 96.8% 由税收收入解释；

3）税收收入的 p 值为 0.000，满足 $p < 0.05$，表明这个自变量对因变量的解释作用是统计上显著的。

待读者对线性回归有了更深刻的认识之后，就可以从 OLS 求解结果中得到更多的信息。虽然本节只展示了一元线性回归，但读者想必已经猜到了多元线性回归的方法——在自变量的 DataFrame 中添加更多的列以表示更多变量即可。

我们也可以用机器学习工具 **scikit-learn** 中的 linear_model 模块来进行最小二乘法回归。该模块支持各类线性回归模型的构建，它们有各自适合的应用场景，其中的 LinearRegression 对象构建的是基于 OLS 的线性回归模型：

```
x = tax_revenue.values.reshape(-1,1)
y = fiscal_income.values.reshape(-1,1)
reg = linear_model.LinearRegression()  # OLS 回归
```

```
reg.fit(x, y)
print("OLS  Linear model: y = {:.5} + {:.5}x".format(reg.intercept_[0],
    reg.coef_[0][0]))
```
```
Linear model: y = 824.73 + 1.142x
```

```
          OLS Regression Results
==============================================================================
Dep. Variable:              财政收入 R-squared:                     0.968
Model:                       OLS Adj. R-squared:                   0.968
Method:            Least Squares F-statistic:                      1431.0
Date:        Mon, 20 Jul 2020 Prob (F-statistic):                  7.54e-37
Time:                    03:30:16 Log-Likelihood:                 -440.63
No. Observations:                   49 AIC:                        885.3
Df Residuals:                       47 BIC:                        889.0
Df Model:                            1
Covariance Type:                 nonrobust
==============================================================================
             coef      std err          t      P>|t|      [0.025      0.975]
------------------------------------------------------------------------------
税收收入       1.1420       0.030     37.828      0.000       1.081       1.203
常数项1      824.7334     884.635      0.932      0.356    -954.922    2604.389
==============================================================================
Omnibus:                    25.018   Durbin-Watson:                   1.906
Prob(Omnibus):               0.000   Jarque-Bera (JB):               59.828
Skew:                       -1.346   Prob(JB):                     1.02e-13
Kurtosis:                    7.696   Cond. No.                     9.13e+04
==============================================================================
Warnings:
[1]Standard Errors assume that the covariance matrix of the errors is
correctly specifed.
[2]The condition number is large, 9.13e +04. This might indicate that there
are strong multicollinearity or other numerical problems.
```

图 12-6   OLS 求解线性回归的结果

岭回归是不同于 OLS 线性回归的另一种线性回归；sklearn.linear_model 模块也提供了岭回归模型：

```
reg = linear_model.Ridge()    # 岭回归
reg.fit(x, y)
print("Ridge Linear model: y = {:.5} + {:.5}x".format(reg.intercept_
    [0], reg.coef_[0][0]))
```
```
Linear model: y = 824.73 + 1.142x
```

sklearn.linear_model 的一些线性回归模型如表 12-1 所示。

表 12-1   sklearn.linear_model 的一些线性回归模型

类	模型
LinearRegression	基于普通最小二乘法的线性回归
Ridge	岭回归，改良的最小二乘法回归，能够有效地防止过拟合

（续）

类	模型
Lasso	Lasso 回归，另一种改良的最小二乘法回归，能够有效地防止过拟合
MultiTaskLasso	因变量为多维向量的 Lasso 回归
ElasticNet	弹性网络回归，一种结合了岭回归和 Lasso 回归的线性回归
BayesianRidge	贝叶斯回归，一种用贝叶斯推断的方法求解的线性回归
LogisticRegression	逻辑回归，一种解决二分类问题的广义线性回归
SGDClassifier	基于随机梯度下降法的线性回归

将回归结果可视化，线性回归结果如图 12-7 所示。

```
plt.figure()
plt.grid(ls = ":")
plt.scatter(tax_revenue, fiscal_income, s = 20, c = "y")
plt.plot(tax_revenue, reg.predict(x))
plt.xlabel("税收收入（万亿元）")
plt.ylabel("财政收入（万亿元）")
```

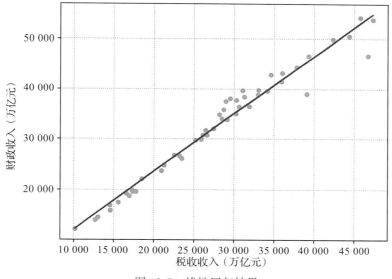

图 12-7　线性回归结果

回归分析（regression analysis）是一种定量研究两个或多个变量之间的相关关系的数据分析方法。虽然变量和变量之间的相关关系不一定是简单的线性关系，但在某些情况下非线性关系也可以转化为线性关系来研究，所以，线性回归分析是整个回归分析的基石。

◎ 小结

经济学者们常用的编程工具或语言包括 R、Python、Stata、Eviews 和 Matlab 等，Python 并不具有特别突出的优势。但是，对初学者来说，Python 可以帮助你用最少的语言解决最多的问题。你可以用 Python 完成从数据收集、整理、计量分析到数据可视化的一系列经济学研究工作。

在进行网络爬虫时，我们也可以同时应用 Selenium 和 requests。Selenium 被用来解决网页动态加载的问题，requests 被用来快速获取静态 HTML 源码。我们要根据具体情况来选择最合适的爬虫方法。

统计建模和计量经济学工具包 statsmodel 包以及机器学习工具 sklearn 为经济学者提供了使用 Python 完成经济学研究中的模型估计和推断等工作的机会。线性回归是一种常用的研究变量与变量之间可能存在的线性相关关系的统计分析方法。在 Python 中，我们可以使用 statsmodels 和 sklearn 来完成线性回归分析。

◎ 关键概念

- **回归分析：** 统计学中的一种定量研究两个或多个变量之间的相关关系的数据分析方法。
- **线性回归：** 研究变量与变量之间可能存在的线性相关关系的回归分析。
- **最小二乘法：** 一种常用的求解线性回归模型的方法，基本思想是最小化所有样本数据点的残差平方和。
- **statsmodels：** 一个对科学计算、统计建模提供支持的 Python 模块。
- **scikit-learn：** 简称 sklearn，是主流的 Python 机器学习工具。

◎ 基础巩固

- 请读者参照 12.2 节，用线性回归的方法研究 GDP 同比增长和工业增长值累计增长之间的相关关系。

◎ 思考提升

- 12.2 节主要介绍了 Python 在一元线性回归模型中的应用。请读者进一步思考并尝试 Python 在多元线性回归模型中的应用。例如，分析居民消费价格指数、城镇固定资产投资、货币供应量等多个因素与国内生产总值的关系。

◎ 阅读材料

- **线性回归简介：** https://realpython.com/linear-regression-in-python/
- **statsmodels 官网：** https://www.statsmodels.org/stable/index.html
- **scikit-learn 官网：** https://scikit-learn.org/stable/
- **Selenium 操作 PhantomJS：** https://realpython.com/headless-selenium-testing-with-python-and-phantomjs/

第 13 章

Python 应用：金融

■ 导引

各大财经门户都会提供各类金融数据；如果你想对大量金融数据进行分析，就可以利用 Python 网络爬虫来从财经门户导出金融数据。除了网络爬虫之外，本章还将介绍一种更为便捷的利用 Python 获取金融数据的方法。

当我们在进行资产定价、选择投资组合等金融领域的重要工作时，需要选用恰当的软件工具来辅助金融计算。本章将诠释 Python 在金融计算中相对其他编程语言的优越性。

■ 学习目标

- 了解 Python 在金融领域的应用，理解 Python 相对于其他语言或工具的优势；
- 了解股票数据的获取方法，学会用财经数据平台的 Python API 获取金融数据；
- 理解现代投资组合理论的基本思想，用 Python 寻找最优投资组合。

金融行业的范围极其广泛，其中的许多岗位都并不要求从业者掌握 Python 或其他编程语言，因为 Excel 等基础工具就足以满足很多金融岗位的基本需求了。当然，Python 还是可以给绝大多数金融从业者带来一定的帮助。比如，行业研究员方向的从业者可以利用 Python 中的 Matplotlib 和 seaborn 库来进行数据可视化。

不过，对于量化交易等方向的金融从业者来说，编程语言则是必备的技能。粗略地说，金融分析就是应用软件来收集、加工、分析数据以指导将来的决策。软件工具的进步与金融行业的发展一直是相辅相成的。由于数据量的爆炸、对实时性要求的提高，金融从业者必须采用更强大的工具来完成分析。量化分析师可能需要立刻获得各种大宗商品在开盘后 15 秒内的均价，但是很多现成的软件工具，如 wind，都不会直接提供这项数据，因此分析师需要通过自己编程实现均价的计算。由于数据量和即时性的限制，分析师不可能选择 Excel VBA 这种相对比较低效的工具、而必须使用更加高效的编程语言。

在金融领域，Python 相比于其他编程语言的一大优势就是其优雅、简洁的语法。金融（尤其指量化）领域的数学，相较于我们前面几章提到的信息管理、市场营销、会计等领域的数学，要复杂很多；相较于 C++、Java 等更底层的语言，Python 语言的语法和数学的语法要更加高级抽象。因此，我们很难把金融问题的数学模型翻译成 C++ 或 Java，却比较容易翻译成 Python 或 Matlab。故在金融领域中，Python 的开发效率要远远优于 C++。虽然 Python 的执行效率要低于 C++，但已经足够满足绝大多数需求了，而且我们还可以利用并行处理等方法来提高执行效率。另外，量化交易中的一些问题，比如 Alpha 因子的挖掘，可能需要人工智能、机器学习等技术来帮助解决，而 Python 恰恰也是机器学习的利器。

本章的第一节内容将介绍基于 Python 的金融数据采集方法，第二节将利用 Python 来简要地介绍基于现代投资组合理论的最优投资组合寻找方法。

13.1　金融数据的获取

如果你是职业的量化分析师，你一定会拥有很多成熟、高阶的工具和渠道来获取各种金融数据。比如，你可以直接从 wind 导出每日的收盘数据。不过，我相信本书的更多读者是学生，并不容易获得大量金融数据。因此，我们还是要介绍如何使用 Python 爬虫来获取金融数据。

其实，读者只要灵活地应用本书第 6 章介绍的 Python 网络爬虫方法，就能够成功地在各大财经网站上获得需要的金融数据了。不过，一个更大的好消息是，已经有无数前人尝试用 Python 爬取金融数据、并且开发出了优秀的 Python 金融数据接口。"他山之石，可以攻玉"，受益于 Python 的源特性，我们不再需要自行造工具来爬取金融数据，可以直接使用前人造好的工具。虽然大多数工具是收费的，但市场上的免费工具也已经足以支持初学者的大部分需求。

BaoStock 是国内一个免费、开源的 Python 财经数据接口包，提供了最近十余年沪深 A 股的证券历史行情、上市公司财务状况等大量详尽数据，可以帮助金融分析人员快速地实现金融数据的采集、清洗和储存。BaoStock 能够以 pandas.DataFrame 的形式返回金融数据，这方便了分析人员使用 NumPy、Pandas 等工具进行进一步的分析。

BaoStock 包的操作是对新手极为友好的，我们来看一些例子，先导入 Pandas 和 BaoStock，并完成 BaoStock 的登录：

```
import pandas as pd
import baostock as bs
bs.login()

login success!
```

用 bs.query_history_k_data 函数查询股票代码为 sh.600519 的贵州茅台股票在一段历

史时期内的 k 线数据，该函数的第二个参数设置的是要查询的数据项。例如，将该参数设置为字符串 date, open, high, low, close，则会查询开票日期、开盘价、最高价、最低价和收盘价。

```
rs = bs.query_history_k_data('sh.600519', "date, open, high, low, close")
```

调用 rs 对象的 get_data 函数来获取查询的结果，结果以 DataFrame 的形式给出：

```
rs.get_data()
```

	date	open	high	low	close
0	2015-01-05	189.6200	204.2400	188.6900	202.5200
1	2015-01-06	200.0000	202.5600	196.0200	197.8300
2	2015-01-07	196.0400	199.5000	189.9900	192.9400
3	2015-01-08	194.0000	194.5200	190.1400	191.7600
4	2015-01-09	190.4000	195.7700	190.1100	190.3100
...	...	...	...	...	...
1331	2020-06-22	1435.1000	1443.8900	1433.2000	1439.0000
1332	2020-06-23	1435.0000	1482.0000	1433.5200	1474.5000
1333	2020-06-24	1463.6000	1465.7100	1445.0000	1460.0100
1334	2020-06-29	1448.0000	1466.0000	1437.0100	1463.1700
1335	2020-06-30	1463.1200	1468.9800	1455.1200	1462.8800

在默认情况下，query_history_k_data 函数查询的是股票的日线级别的、截至查询日期的数据。通过设置函数的 frequency、start_time 和 end_time 参数，你可以指定查询数据的频率和时间范围：

```
rs = bs.query_history_k_data('sh.600519', "time, open, close",
            start_date = '2020-06-01', end_date = '2020-06-30',
            frequency = '5')

rs.get_data().head()
```

	time	open	close
0	20200601093500000	1381.0000	1391.0100
1	20200601094000000	1391.0000	1397.1200
2	20200601094500000	1397.0000	1399.8800
3	20200601095000000	1398.9900	1398.6600
4	20200601095500000	1398.4900	1397.2500

把 query_history_k_data 函数的 frequency 参数设置为 d、w、m、5、15、30 或 60，可以分别获得股票的日、周、月、5 分钟、15 分钟、30 分钟或 60 分钟级别的行情数据，如表 13-1 所示。可惜，BaoStock 无法提供股票的分钟级别的行情数据。开源免费的 Python 工具包虽然强大，但很可能无法满足使用者的所有需求。BaoStock 能提供的最精细的行情数据是 5 分钟级别的数据。如果你想研究每日开盘的头 5 分钟内的股价波动，5 分钟级别的历史行情数据显然是不够精细的。如果你需要更精细的股票数据，并且你没有

更高阶的工具的话，那就需要自行爬虫了。

表 13-1　BaoStock. query_history_k_data 函数的参数

参数	描述
code	股票代码，以 sz. 或 sh. 开头
fields	查询的数据项，数据项名以逗号分隔
start_date	起始日期
end_date	结束日期
frequency = 'd'	频率，d、w、m、5、15、30 或 60
adjustflag = '3'	复权方式，1、2、3 分别表示不复权、后复权和前复权

除了股票的 k 线数据，query_history_k_data 函数也可以查看股票指数的 k 线数据。例如，将函数的 code 参数设置为 sh.000300，即沪深 300 指数的代码，就可以查询沪深 300 指数。沪深 300 指数是根据沪深两市中最具代表性的 300 只股票计算出的金融指标。get_row_data 方法将返回查询结果中的一行数据：

```
rs = bs.query_history_k_data('sh.000300', "close", '2020-06-30', '2020-06-30')
rs.get_row_data()
```

```
['4163.9637']
```

调用 query_hs300_stocks 函数，查询沪深 300 指数的成分股：

```
bs.query_hs300_stocks().get_data().tail()
```

	updateDate	code	code_name
295	2020-09-14	sz.300413	芒果超媒
296	2020-09-14	sz.300433	蓝思科技
297	2020-09-14	sz.300498	温氏股份
298	2020-09-14	sz.300601	康泰生物
299	2020-09-14	sz.300628	亿联网络

类似于 query_hs300_stocks 函数，query_sz50_stocks 和 query_zz50_stocks 函数的作用分别是查询上证 50 指数和中证 50 指数的成分股。

调用 query_stock_basic 函数查看证券代码、入市时间等基本信息：

```
bs.query_stock_basic().get_data().head()
```

	code	code_name	ipoDate	outDate	type	status
0	sh.000001	上证综合指数	1991-07-15		2	1
1	sh.000002	上证 A 股指数	1992-02-21		2	1
2	sh.000003	上证 B 股指数	1992-08-17		2	1
3	sh.000004	上证工业类指数	1993-05-03		2	1
4	sh.000005	上证商业类指数	1993-05-03		2	1

调用 query_stock_industry 函数查看股票的细分行业：

```
bs.query_stock_industry().get_data().head()
```

	updateDate	code	code_name	industry	industryClassification
0	2020-09-14	sh.600000	浦发银行	银行	申万一级行业
1	2020-09-14	sh.600001	邯郸钢铁		申万一级行业
2	2020-09-14	sh.600002	齐鲁石化		申万一级行业
3	2020-09-14	sh.600003	ST 东北高		申万一级行业
4	2020-09-14	sh.600004	白云机场	交通运输	申万一级行业

另外，BaoStock 还提供了查询上市公司现金流量、营收能力、业绩快报等许多重要数据的接口，请读者根据需要自行尝试，BaoStock 的一些证券数据查询接口如表 13-2 所示。

表 13-2　BaoStock 的一些证券数据查询接口

函数	描述
query_history_k_data query_history_k_data_plus	查询历史 k 线数据；更推荐使用后者
query_all_stock	查询所有证券的代码和名称
query_stock_basic	查询证券基本信息
query_stock_industry	查询股票细分行业
query_performance_express_report	查询上市公司业绩快报
query_profit_data	查询上市公司盈利数据
query_operation_data	查询上市公司运营数据
query_balance_data	查询上市公司资产负债数据
query_cash_flow_data	查询上市公司现金流量数据

BaoStock 并没有提供一次性获取所有股票的 k 线数据的接口。因此，如果你需要获取每一只股票的 k 线数据，就要先调用 query_all_stock 函数获取所有的股票代码，然后遍历每一只股票：

```
from sqlalchemy import create_engine
# 用 sqlalchemy 构建数据库连接 engine
connect = create_engine('mysql+pymysql://root:129098633@localhost:3306/
    finance?charset=utf8')
stock_codes = bs.query_all_stock().get_data()['code']  # 获取全部证券代码
for code in stock_codes:                                # 遍历每一只证券
    df = bs.query_history_k_data_plus(code, 'date, open, high, low, close',
                          '2020-06-30', '2020-06-30').get_data()
    pd.io.sql.to_sql(df, 'stock_' + code + '_2020-06-30', connect,
        schema = 'finance', if_exists = 'append')
```

使用 BaoStock 完毕后，最好退出登录：

```
bs.logout()
```

Python 的财经数据 API 们其实有很强的可替代性，你也可以选择 TuShare 等 API 来替换 BaoStock，它们有着相似的功能和操作方法。如果你想获取海外证券数据，则可以选择 yfinance、googlefinance、alphavantage 等工具。

最后，我们再次总结一遍获取金融数据的三个方法。职业的金融从业者可以方便地采用第一个方法，即直接从专业的财经软件导出数据。普通交易者不妨采用第二个方法，即使用市面上各种免费或收费的财经数据 API，如 TuShare、BaoStock 等。研究者对金融数据的需求一般更加苛刻，故可能需要采用灵活度最高（操作难度也最高）的第三种方法，即编写爬虫程序来抓取数据。

13.2　寻找最优投资组合

1952 年是金融学革命开始的一年，当时马科维茨把数理统计引入了金融学，并提出了一套概念明确、操作性高的选择投资组合的方法，这套方法后来被称为**现代投资组合理论**（modern portfolio theory，MPT）或马科维茨投资组合理论。虽然以今天的观点来看，MPT 过于理想且不够实用，但 MPT 仍是大多数投资者的必备知识，马科维茨的革命性贡献也被所有金融学者铭记。

本章开头提到，相比于其他语言或软件，Python 在金融应用方面的一个重要优势是其在金融计算方面的优越性。现在，我们就用 Python 实现一遍利用 MPT 寻找最优投资组合的过程，举例介绍 Python 在金融领域的应用。

首先，我们导入需要使用的各种库：

```
import numpy as np
import pandas as pd
import matplotlib.pyplot as plt
import seaborn as sns
import baostock as bs
from scipy import stats
from functools import reduce
%matplotlib notebook
```

我们定义一个 get_stock_data 函数来获取某只股票在指定日期范围内的行情数据，返回值是一个由 Datetimeindex 索引的 Series，即时间序列：

```
def get_stock_data(stock_code, start, end):
    bs.login()
    rs = bs.query_history_k_data_plus(stock_code, "date, close", start, end)
    bs.logout()
    stock_data = rs.get_data()
    date_index = pd.DatetimeIndex(stock_data['date'])
    result = stock_data['close'].apply(lambda num: float(num))
    result.index = date_index
    return result
```

我们选择 9 只股票，获取它们过去十年每个交易日的收盘价：

```
stocks = {    # 股票池
          'sz.002507': '涪陵榨菜',  'sz.300015': '爱尔眼科', 'sh.600036':
              '招商银行',
          'sh.600276': '恒瑞医药 ', 'sh.600519': '贵州茅台', 'sh.600009':
              '上海机场',
```

```
                         'sz.300104': '乐视网 ', 'sh.600240': '华业资本 ', 'sh.600518':
                            '康美药业 '}

# 获取池中股票的历史数据
stock_data = pd.DataFrame()
for code, name in stocks.items():
    stock_data[name] = get_stock_data(code, '2010-07-01', '2020-06-30')
stock_data = stock_data.fillna(method = 'ffill')    # 填充缺失值
```

结果如下：

```
stock_data.head()
```

date	涪陵榨菜	爱尔眼科	招商银行	恒瑞医药	贵州茅台	上海机场	乐视网	华业资本	康美药业
2010-11-23	40.80	42.94	13.11	58.52	189.04	12.40	47.39	6.68	21.17
2010-11-24	36.72	43.00	13.27	61.28	199.92	12.61	49.49	6.78	22.17
2010-11-25	33.05	42.02	13.48	60.87	202.97	12.78	48.12	7.01	21.73
2010-11-26	34.79	44.15	13.26	60.95	207.24	12.59	52.93	6.76	21.56
2010-11-29	32.00	44.58	13.28	60.19	216.43	12.51	53.04	6.88	23.37

绘制这 9 只股票过去十年的股价走势图，如图 13-1 所示。

```
# 以数据中首个交易日的收盘价为基准，计算变化率
stock_change = stock_data / stock_data.iloc[0]

stock_change.plot(figsize = (8,4), linewidth = 1.0)           # 绘制股价走势图
plt.grid(ls = ":")
plt.rcParams['font.sans-serif'] = ['SimHei']                  # 中文黑体
plt.title(" 股价走势 ", fontdict = {'weight': 'normal', 'size': 12})

# 去掉上方和右侧的边框
ax = plt.gca()
ax.spines['right'].set_visible(False)
ax.spines['top'].set_visible(False)
```

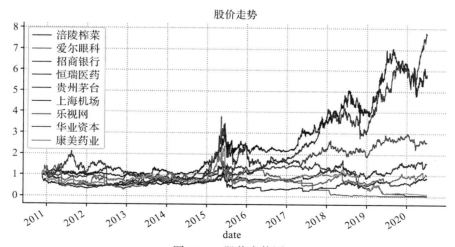

图 13-1　股价走势图

可以直观地看到，不同股票的收益和风险有明显的差异。实际上，风险并不意味着亏损。"风险"一词表征的是波动的强度；高风险的股票有更大的可能性朝亏损的方向波动，也同样有更大的可能性朝收益的方向波动。但是，一些心理学家认为，一单位的亏损给人带来的负面情绪要大于一单位的获利给人带来的正面情绪，所以，MPT 理论认为理性的投资者是风险厌恶的——在期望收益相同的前提下，投资者更倾向于选择风险最小的投资组合。

那么，如何定义风险？马科维茨假定，投资者对一个资产的风险的衡量，等同于该资产的收益的标准差。另外，人们还发明了一些把收益和风险同时纳入考量的指标，其中应用最广泛的就是**夏普比率**（sharpe ratio）。夏普比率等于额外收益（收益与无风险收益之差）与风险之比。粗略地说，夏普比率等于收益与风险之比，也即收益的期望值与标准差之比。一个资产组合的夏普比率反映的是每一单位的风险能够带来的收益。也就是说，在承担的风险相同的情况下，夏普比率越高，资产组合的潜在收益就越高。

我们很难定义"最优资产"的具体含义。激进的投资者可能认为期望收益最大的资产就是最优的，保守的投资者可能认为夏普比率（或者其他的综合反映收益与风险的指标）最高的资产是最优的。但不论从哪个角度出发，单只股票都几乎不可能是最优的资产组合。我们先来计算一下单只股票的收益与风险：

```python
stock_return = np.log(stock_data.pct_change() + 1)        # 每日对数收益率
stock_return = stock_return.dropna()
stock_indicator = pd.DataFrame(index = stocks.values())
stock_indicator["Return"] = stock_return.mean() * 252      # 年化收益
stock_indicator["Volatility"] = stock_return.std() * np.sqrt(252)
                                                           # 年化风险
stock_indicator["Sharpe Ratio"] = stock_indicator["Return"] /
    stock_indicator["Volatility"]
```

DataFrame 对象的 pct_change 方法返回的是每一行数据相对于前一行数据的变化率。金融计算中，一般采用对数收益率（（变化率 + 1）的对数），而非简单算术收益率（利润与本金之比，即变化率），因为对数的可加性能够简化计算。利用 np.log 函数，将每日的算术收益率转化为对数收益率。

9 只股票的各项指标：

```
stock_indicator
```

	Return	Volatility	Sharpe Ratio
涪陵榨菜	-0.013484	0.509823	-0.026448
爱尔眼科	0.001275	0.522811	0.002438
招商银行	0.102000	0.283776	0.359439
恒瑞医药	0.049199	0.397710	0.123706
贵州茅台	0.220927	0.317394	0.696065
上海机场	0.190019	0.331957	0.572422
乐视网	-0.539613	0.788287	-0.684539
华业资本	-0.301311	0.559339	-0.538691
康美药业	-0.228516	0.473761	-0.482344

理性的投资者不会把所有资金都投到同一个资产上。现在，我们随机创建一个资产组合，把资金以一个任意的比例分到 9 只股票上，然后计算这个资产组合的收益与风险。

```
weights = np.random.random(9)
weights /= weights.sum()
print(weights)1
```

```
[0.18129237 0.03115351 0.05740395 0.15690933 0.03346466 0.14207553
 0.10082292 0.17113763 0.1257401 ]
```

我们按如上的权重投资各只股票，则组合收益率为各只股票的收益的加权和。如果读者已经学习过线性代数，就会知道收益的加权和其实是一个行向量和一个列向量的积。用 np.dot 函数进行矩阵乘法：

```
np.dot(weights, stock_indicator['Return'])
# 投资组合回报率 = ∑wi * ri = [w1, w2, w3, ...] * [r1, r2, r3, ...]'
```

```
-0.08914413129321908
```

Python 标准库中的 functool 提供了一个 reduce 函数。如果把 reduce 函数的第一个参数设置为函数 func，第二个参数设置为长为 length 的序列 array，则 reduce 函数的返回值为 func((…func(func(x[0], x[1]), x[2])…), x[n − 1])。例如，用 reduce 函数实现序列元素的连加：

```
func = lambda x, y : x+y
reduce(func, [1, 2, 3, 4, 5])
```

```
15
```

用 reduce 和 np.dot 函数实现三个矩阵的连乘，得到该投资组合的风险：

```
np.sqrt(reduce(np.dot, [weights, stock_return.cov() * 252, weights]))
# 投资组合波动性 = (∑∑wi * wj * Cov(ri, rj)) ^ (1/2)
#              = ([w1, w2, w3, ...] * [Cov(ri, rj)]ij * [w1, w2, w3,
                 ...]') ^ (1/2)
```

```
0.27574647479460046
```

与前面的数据对比一下，我们发现该投资组合的风险小于这 9 只股票中的任何单只股票的风险。这表明我们的生活常识"分散投资可以降低风险"的确是有道理的。

如果投资者有一个期望的投资收益率，那么对于风险厌恶者来说，所有达到此收益率的投资组合中风险最小的那个投资组合就是最优的。所以，我们面临的问题是，已知每只股票的收益和风险与投资组合的收益，求一个风险最小的投资组合。一个求法是，直接用数学计算推导出这个投资组合，另一个方法则是蒙特卡罗模拟。

蒙特卡罗模拟（monte carlo method）就是用大量随机抽样的方法解决统计推断的问题，是金融领域非常重要的算法之一。计算机的出现，使人们能够以很低的人力成本完成大量的重复工作，因而可以轻松地将项目模拟实施成千上万次。具体到我们的问题当中，蒙特卡罗模拟就是随机生成成千上万种投资组合，几乎覆盖我们在现实中所有可能采取的组合，然后计算所有这些投资组合的收益与风险，最后找出符合期望收益率且风险最低的一种投资组合。虽然蒙特卡罗模拟的计算量仍然庞大，但其计算复杂度往往是优于其他数值方法的，而且编程者的工作量是很小的。

我们先定义一个函数用于计算给定投资组合收益、风险以及夏普比率的函数：

```python
def portfolio_statistics(weights):
    expected_return = weights.dot(stock_indicator['Return']) # 收益
    volatility = np.sqrt(reduce(np.dot, [weights, stock_return.cov()
        * 252, weights]))                                    # 风险
    sharpe = (expected_return - risk_free_return) / volatility
                                                             # 夏普比率
    return expected_return * 100, volatility, sharpe
```

然后随机生成 5 000 个投资组合，计算各投资组合的收益和风险，选出其中夏普比率最高的一个组合。ndarray 对象的长度是无法动态增长的，因此我们用列表来储存每个投资组合的各项指标：

```python
portfolio_return = []
portfolio_volatility = []
sharpe_ratio = []
risk_free_return = 0.017650                     # 无风险利率
max_sharpe_ratio = 0                            # 夏普比率的最大值
optimal_portfolio = -1                          # 最优投资组合
for i in range(5000):
    weights = np.random.random(9)
    weights /= weights.sum()                    # 随机生成一个投资组合
    expected_return, volatility, sharpe = portfolio_statistics(weights)
    if sharpe > max_sharpe_ratio:               # 如果找到更高的夏普比率
        optimal_portfolio = i                   # 则更新最优投资组合
        max_sharpe_ratio = sharpe               # 和最大夏普比率
    portfolio_return.append(expected_return)
    portfolio_volatility.append(volatility)
    sharpe_ratio.append(sharpe)
```

我们用 seaborn.scatterplot 函数来绘制收益风险散点图，并用 plt.plot 函数标出夏普比率最高的投资组合：

```python
fig, ax = plt.subplots()
fig.subplots_adjust(right = 0.8)

sns.scatterplot(portfolio_volatility, portfolio_return,
                alpha = 0.9, size = sharpe_ratio) # 绘制收益 - 风险图
plt.plot(portfolio_volatility[optimal_portfolio],
    portfolio_return[optimal_portfolio],marker = 'p', color =
    'y', ms = 10)                               # 标出夏普比率最高的投资组合

plt.grid(ls = ":")
```

```
plt.xlabel("Portfolio Volatility")
plt.ylabel("Portfolio Return (%)")
plt.legend(title = "Sharpe Ratio", frameon = False, bbox_to_anchor =
    (1, 0.7), loc = 3)
ax = plt.gca()
plt.rcParams['axes.unicode_minus'] = False          # 解决负号显示问题
ax.spines['right'].set_visible(False)
ax.spines['top'].set_visible(False)
```

其中，seaborn.scatterplot 的 size 参数控制的是每一个散点的大小。夏普比率等于投资组合的期望收益与无风险收益的差和期望风险的比。我们把由每个点的夏普比率组成的向量传给 size 参数。那么，图中每个散点的横纵坐标和大小就分别反映一个投资组合的期望风险、期望收益和夏普比率，如图 13-2 所示。

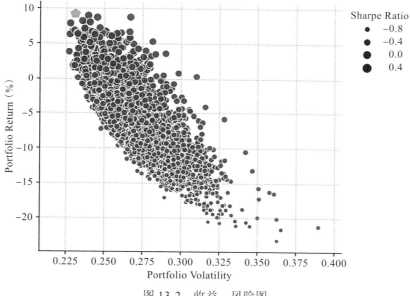

图 13-2　收益 – 风险图

从上图来看，"风险越高，收益越大"的传统观念是有一定的依据的。在风险一定的情况下，风险越高，能够获得的最高收益就越大。给定一个收益率，我们可以轻松地从这两千个样本中挑选出一个达到此收益率且风险最低的投资组合。样本容量越大，我们挑出的投资组合就越接近实际风险最低的组合。如果样本容量无限大，我们挑出的投资组合就是有效边界上的投资组合。所有的"（风险，该风险下能够获得的最高收益）"点构成的曲线被称为投资组合的**有效边界**（efficient frontier），有效边界上的投资是最有效率的。我们还可以选出两千个样本中夏普比率最高的一个投资组合。样本容量越大，我们挑出的投资组合就越接近实际中夏普比率最高的组合。

很可惜，如果读者用上述策略去构建自己的投资组合，很可能是不会盈利的。马科维茨把股票的风险定义为历史上收益率的方差（也就是历史上的波动率），是一个开创性、但过于理想的做法。实际上，股票的风险与企业的经营状况关联紧密。如果市场是完全透明的、投资者是完全理性的，那么历史数据当然也可以反映企业的经营状况。但是，由于市场信息是不完全透明的、投资者也是非理性的，历史上的波动率根本无法有效衡量企业的经营状况，但实际应用中的缺陷并不影响马科维茨投资组合理论的开创性地位。

当读者依据其他的交易策略选择投资组合时，为了验证策略的有效性，往往也还是要用历史数据进行回测，计算该交易策略历史上的收益率、夏普比率等指标。利用 Python，读者可以更加高效地完成交易策略的回测。

◎ 小结

Python 为普通投资者和量化分析师提供了获取金融数据的更多方法。通过直接调用 Tushare、BaoStock、Google Finance 第三方的证券数据平台提供的 Python API，使用者可以高效地获取大部分初级金融数据。通过网络爬虫，使用者可以用极低的经济成本和较高的开发代价来获得各种类型的金融数据。

Python 简洁的语法、丰富的工具库以及强大的科学计算能力十分适合量化领域的金融计算。普通投资者也可以借助 Python 完成交易策略的回测、股票的自动交易等工作。

马科维茨提出了一套关于寻找确定风险下的最大收益投资组合的金融理论，被称为现代投资组合理论。我们可以用 Python 寻找基于现代投资组合理论的最优投资组合。

◎ 关键概念

- **BaoStock**：一个免费、开源的证券数据平台，提供了许多 Python 财经数据 API。
- **现代投资组合理论**：一套关于寻找确定风险下的最大收益投资组合的金融理论。
- **夏普比率**：额外收益（收益与无风险收益之差）与风险之比，反映每一单位的风险能够带来的收益。
- **蒙特卡罗模拟**：一个通过大量的随机抽样来实现统计推断的经典方法。
- **最优化方法**：求寻找一些满足约束条件的自变量值，使目标函数取得最优值。

◎ 基础巩固

- 在图 13-2 中，我们用样本点的相对面积大小来反映投资组合的夏普比率的高低。那我们能否用样本的颜色的渐变来反映夏普比率的高低呢？请读者实现此机制，并用 matplot.pyplot.colorbar 函数添加颜色图例。

◎ 思考提升

- 图 13-2 中样本点的左上方轮廓就是投资组合的有效边界的近似。投资组合的有效边界是所有的"实现该收益的风险最低投资组合的风险、收益"点构成的曲线的递增部分。如果我们希望精确地绘制出有效边界，就需要精准地计算出能够实现每个确定收益的最低风险，即计算无数个多元函数的最小值。函数的因变量为投资组合的风险，自变量为投资组合中各只股票的权重，需要获得的收益限制了自变量的取值范围。

- 我们很难自行求解这样一个复杂函数。因此，我们可以使用现有的方法来进行求解。SciPy 是一个 Python 科学计算库，广义的 SciPy 指的是由 NumPy、Pandas、Matplotlib 以及狭义 SciPy 组成的 Python 科学计算生态。SciPy 提供了用于求解函数最值的 optimize.minimize 函数。请读者查阅参考文献，学习该函数的使用。然后，请你用该函数计算出有效边界上的足够多的点，并在图中连接这些点来绘制出有效边界。

◎ 阅读材料

- **BaoStock 文档：** http://BaoStock.com/BaoStock/index.php/Python_API%E6%96%87%E6%A1%A3
- **现代投资组合理论：** https://www.guidedchoice.com/video/dr-harry-markowitz-father-of-modern-portfolio-theory/
- **蒙特卡罗模拟：** https://en.wikipedia.org/wiki/Monte_Carlo_method
- **SciPy 文档：** https://docs.scipy.org/doc/scipy/reference/
- **Scipy.optimize.minimize 函数文档：** https://docs.scipy.org/doc/scipy/reference/generated/scipy.optimize.minimize.html